UGLY

The Aesthetics Of Everything

Stephen Bayley

按多种标准来衡量，牛头犬都可说是畸形的。突出的下颌、疲软下垂的肉褶、弯曲的短腿和仿佛被挤压变形的眼鼻等五官都挑战了有关犬类优雅魅力的常规观念。但牛头犬既是英国的一种代表性象征，也是美国海军陆战队的吉祥物。

审丑 万物美学

UGLY：THE AESTHETICS OF EVERYTHING

［英国］史蒂芬·贝利（Stephen Bayley）◎著

杨凌峰◎译

金城出版社
GOLD WALL PRESS

图书在版编目（CIP）数据

审丑 / （英）贝利著；杨凌峰译. —北京：金城 出版社，2014.8
书名原文: Ugly
ISBN 978-7-5155-1087-3

Ⅰ. ①审… Ⅱ. ①贝… ②杨… Ⅲ. ①审美 Ⅳ. ①B83-0

中国版本图书馆CIP数据核字（2014）第103752号

UGLY: THE AESTHETICS OF EVERYTHING
By Stephen Bayley
Published by Goodman Fiell, An imprint of the Carlton Publishing Group

审丑：万物美学

作　　者　史蒂芬·贝利
译　　者　杨凌峰
出 版 人　王吉胜
出版统筹　潘　涛 陈子慕
选题策划　陈子慕
责任编辑　陈丽红 雷燕青
特邀编辑　叶　婷
开　　本　787毫米×1092毫米　1/16
印　　张　18
字　　数　150千字
版　　次　2014年9月第1版　2014年9月第1次印刷
印　　刷　北京市全海印刷厂
书　　号　ISBN 978-7-5155-1087-3
定　　价　138.00元

出版发行　**金城出版社**北京市朝阳区广泽路2号院（东区）14号楼　邮编：100102
发 行 部　（010）84254364
编 辑 部　（010）84250838
总 编 室　（010）64228516
网　　址　http://www.jccb.com.cn
电子邮箱　jinchengchuban@163.com
法律顾问　陈鹰律师事务所（010）64970501

目录

开篇琐谈 / 6

1 完美无缺 或 绝无脏乱龌龊的天堂 …… 13

2 丑陋的科学 或 善的数学引致恶的结果 …… 35

3 仪态风度 或 面目可憎之人 …… 57

4 天堂与地狱 或 整洁、虔敬与其对立面 …… 77

5 当自然是丑陋的 或 石柱谷和35号州际公路 …… 105

6 媚俗 或 对恶品位的沉迷 …… 127

7 垃圾 或 无用的禅宗 …… 165

8 美何错之有 或 非自然的选择 …… 203

9 形式追随感觉 或 修辞隐喻无济于事 …… 227

10 广告 或 丑东西卖不动 …… 261

英文版索引 / 280

参考文献选录 / 284

图片版权声明 / 286

致谢 / 286

译后记：当美已成俗套 / 287

开篇琐谈

比此书更为气派恢宏的洋洋大作都写有前言，我如法炮制小文，意图也莫不相同。

我为什么要写这本《审丑》？以下是一个原因。根据我所能记得的，从年幼的时候开始，我就对事物的外形样貌很关注，不可救药地痴迷，不管那是一只装番茄酱的瓶子或是一座神庙，是一个女人或是一辆车。业余的或货真价实的专业的弗洛伊德信徒，他们大概要把这种几近走火入魔地对形状和样貌表象的强迫性偏执归结成是源于我童年时代的什么重大创痛，而且这一不堪回首的不幸伤害还最好别提，要压抑在我深深的心海里。或者，更不留情面、更刻薄一点说，我的这个毛病或许只是出于对肤浅表征和浅薄外在因素的癖嗜迷恋，粗俗而又露骨，就相当于一个好色纵欲的花花公子笔下的爱情。况且，导演佩德罗·阿尔莫多瓦（Pedro Almodóvar）还曾说过："如果你的作品不是自传性的，那就是剽窃。"

但我希望我要说的会比什么"风流客猎艳传奇"之类的更有趣一些。我强烈地关注外形表象，而且我总是想理解它们。"毒舌"P.J.奥罗克*（P. J. O'Rourke）漂亮利落地羞辱过像我这类人，比如说，这类人会无事生非，去思虑汽车意味着什么。奥罗克说道："汽车意味着你不用走路回家。"对于伏尔泰的那句玩笑话"与其失去一个绝妙的词句，不如失去一个好友"，我认为奥罗克和我一样大概会认同的，但至于审丑这个主题，不是几句机智的俏皮话就能打发得了的。美与丑，这一对矛盾的组合是人们的心智中最令人困惑的概念之一。真的有"丑"这种东西吗？按照老生常谈的看法，这个问题的答案当然是有。

跟这个同样俗套的另一个理念就是，丑必然就是恶。但我在这里要举一个荒谬的或者极端的例子，如阿尔贝·加缪（Albert Camus），他觉得美才是无法忍受的："（美）把我们驱向绝望，让我们看到其惊鸿一瞥的永恒，我们为此就要一辈子去苦苦追寻。"

那么，美是无法企及的，而丑则是不可避免的？或许，美所激发的是形而上的思辨，而丑只是让我们感到恼火和郁闷。"美"并不总是令人满足的。无瑕的完美也可能乏味无聊，而且有时候还是令人烦恼不安的。在由机器仿生人和电脑生成的影像所构建的世界中，有一种叫做"诡异谷"（uncanny valley）的现象，就解释了当机器人跟人类的样貌非常接近时，以及电脑生成的人物变得越来越逼真可信时，为什么就会带来一种不舒服的感觉，一种阴森恐怖的气息——从根本上来说，就是因为这些仿生体过于完美，脱离了人性。著名的例子还有2001年的电影《最终幻想:灵魂深处》（*Final Fantasy: The Spirits Within*），这是有史以来第一部CGI（纯电脑生成影像）影片，没有真人演员出演，全都是用人造影像合成，其中的

右页图：大卫·莫拉迪拉（David Moratilla）的《特写肖像》（*Close Up Portrait*，2011）。一些小瑕疵反而能增进容貌之美。创作这一数码人造影像的用意在于倡导一种中庸妥协的完美，以此来抵消"诡异谷"效应。

* 美国政论作家，以讽刺挖苦闻名。

人物角色几乎无一例外地完美，但完美得令人不安。结果，这部影片受到了评论界的狂轰滥炸。吃一堑，长一智，现在的3D动画师学会了将不完美因素融入设计，创作出的人物因此更真实，有缺陷也有优点，所以也更讨人喜欢。

我们可以水到渠成地提出这样一个观点：丑并非美的对立面，而是美的一个方面。柏拉图描述过一种让他蛊惑着迷的场景，那就是刽子手站在平台上，脚下是一堆被处决者的尸体。这种癖好固然令人反胃，但类似地，看到事故或残暴血腥的场面时，我们的目光也会难以移开。不过，你也不能写一部关于丑的史话，最起码不能写那种学术意义上的。那样的书根本就不存在：正因为其挑衅性的本原特质，丑通常是写作者们回避的主题。或许，他们回避这个主题就跟逃避瘟疫一样。

当然，有些伟大的哲学著作探讨过美，如柏拉图（Plato）和康德（Kant）的大作。但我并不打算伪称自己读过，更别说理解了。确实，在其死后出版于1970年的一部代表作《美学理论》（*Ästhetische Theorie*）中，著名的高深莫测的社会批判家狄奥多·阿多诺（Theodor Adorno）写了许多关于丑的意义的模糊晦涩的长篇段落。他说："在丑陋（之物）中，艺术必须去谴责这个世界。"不过，我也不想假装我已理解了阿多诺的意思。

说到这里，本书就和其他风行的通俗美学论著之间建立起了一点有用的距离：柏拉图的很多理念已经潜移默化，进入了大众思维，但我并不认为那些引用康德的《纯粹理性批判》（1781）的人当中，大多数都真的读过那本书。不可否认，我没读过。不过，我也没有引用过那里面的文字。这么说吧，如果你想读到一些模棱两可、玄而又玄的概念，恐怕你就不应该选这本书。

近现代作者挑战丑这个主题时——卡尔·罗森克朗兹（Karl Rosenkranz）曾这样做过，翁贝托·艾柯（Umberto Eco）不久前也这样做过——结果各不相同。罗森克朗兹的《丑陋狰狞之美学》（*Ästhetik des Häßlichen*）用德语写成，出版于1853年，但根据我所知道的，到目前为止，还从未有人不辞劳苦想把它翻译成英文。考虑到此人是黑格尔的追随者，所以对多数人来说，他的作品很可能难度太大，我们也只好望而却步了。艾柯的《丑的历史》（*Storia della Bruttezza*）就通俗易懂得多，并以《论丑》为书名在2007年出了英文版。一如所有上面印着艾柯名字的出版物——他实际上是这本书的"策划与监理人"而非作者——《丑的故事》非常有感召力，让人浮想联翩，同时又激发起读者的共鸣和沉思。不过，书中并没有任何地方真正地触及到我们现在要讨论的这个主题。该书固然引人入胜，但其中详述的内容却只是怪诞滑稽、畸变异形和恐怖邪魔之物的大结集。这跟丑并不完全是一码事。

在相对主义的小池塘中扑腾嬉水，我对这种游戏并无多大兴趣，但对丑思考得越多，看得越久，丑这个概念就变得越发诡谲多变、捉摸不定。审美学是关于美的科学，但这是一门不精确的学科。事实上，如果从实证和可重复的试验结果以及同行评议的角度来考量，审美根本算不上是什么科学。

右页图：拉斐尔（Raphael）的《雅典学院》（1508—1509），位于梵蒂冈使徒宫教皇文件签署厅。现代人对柏拉图和亚里士多德（虽然不知道拉斐尔用何人充当这两位哲人的原型模特）的直观形象认知便源自此壁画。画中主题为通过理性的论争和操练来建立恒久的真理——哲学与美学的真理。两位哲人被拉斐尔呈示为理想化的、英雄气质的英俊形象。

次页图：吉斯托·乌滕斯（Giusto Utens）于1599年到1602年在美第奇别墅创作了一套半月状窗头壁画，《碧提宫与波波丽花园》出自其中。位于佛罗伦萨的波波丽花园在碧提宫的后部位置，而该宫又是身为托斯卡纳和佛罗伦萨大公的美第奇家族的世传宅邸。波波丽花园修建于16世纪中叶，是为“托雷多的埃丽奥诺拉”（美第奇家族的科西莫一世之妻）而建。建筑师兼雕塑家巴托洛梅奥·阿马纳蒂（Bartolomeo Ammanati）在画家兼艺术史家乔尔乔·瓦萨里的协助下完成了花园的布局设计。人们对这座花园津津乐道，将其视为意大利园林的经典，是一处人造的凡间乐土。

我希望，各位翻看和阅读本书时，能够开始去思索，我们喜欢波波丽花园远胜于“基锡拿”*（Gehenna）的地狱景象，这到底是什么原因？或者琢磨一下，1954年款的格洛克勒保时捷（Glöckler Porsche）显得很丑陋，甚至丑得令人骇然，那又是因为什么？怎么会这么丑？位于伦敦的国立美术馆中，昆丁·马西斯（Quentin Massys）的《丑公爵夫人》（*Ugly Duchess*）是最受观众青睐的画作之一，谁能来解释一下原因？如果说审美有什么规则的话，那这些规则肯定是灵活变通的。但有一条法则是不变的：仔细观察万物，去思索和探寻其中所包含的意义。然后再回顾和深思一下肯尼斯·泰南**（Kenneth Tynan）对自己发出的那条简短的号令：“去挑动怒气，去用狼牙棒戳打刺杀，去撕扯攻击，去兴风作浪！”

*《圣经》中一地名，又称“欣嫩子谷”，古希伯来人在此屠杀幼童献祭火神。

**英国戏剧评论家，以张扬大胆、离经叛道的风格知名。

BELVEDE

ON PITTI

1 完美无缺或绝无脏乱龌龊的天堂

自然的，就是丑陋恶心的吗？
吸引我们或让我们排斥的，究竟是什么？
贫民窟，为什么令人蹙眉？
天堂，是秩序井然、干干净净的吗？
美是简单的，还是复杂的？
困苦和残障畸形，会激发艺术灵感吗？

一开始，我们得从一点恶心的东西说起。

19世纪科学有过一项“发现”，甚至被当作最惊悚的创见之一，即对令人作呕的刺激源的反应并非是全然随机的，而是可预见、可衡量的。这是达尔文（Charles Darwin）后期研究工作中的一个重要部分——彼时，他已经从进化论宏大主题的探讨转向对人类与动物行为细节特质的关注。这里的“发现”被加上了引号，是因为科研结果——也许至少与艺术成就一样——是当时主流社会品位的产物，而这种品位是受到短时期内民众的欣赏喜好的驱动，而不是由永恒的真理性标准来决定的。

达尔文确实认为有着不同文化的人们会呈现出相似的面部表情，但可能导致憎恶的、反感的面部表情的刺激源——比如说分别在北欧的拉普兰地区和伦敦的上流社区贝尔格莱维亚——却是各不相同的。H.D.雷纳（H. D. Renner）在其著作《饮食习惯的源起》（*The Origin of Food Habits*，1944）中描述过一个以吃腐臭鱼类为乐的部族。腐臭鱼肉作为一种名为“鱼酱油”的食材，是罗马烹饪中的必备主料之一。鱼酱油是用小鱼的肠子制成，经盐腌泡之后再晒干，这种食材还有着一定的脱毛功效。如果是在美国，使用这样的东西是违法的，且令人反胃。

通过分析面部表情，达尔文辨识出了令人厌憎之物的普适共性。不过，早在他之前，达·芬奇（Leonardo da Vinci）已考虑过这个问题。达·芬奇相信，达致完美的途径是“通过一系列的不悦和丑陋”。这一说法要归功于沃尔特·帕特（Walter Pater），这位维多利亚女王时代的评论家对《蒙娜·丽莎》的见解与思考已经渗透进人们的集体意识当中。帕特认为，达·芬奇对美的阐释更多地植根于魅力，而不是愉悦。他所寻求的不是美，而是对外晓谕讯息。这让他得以不带偏见地处置和表现丑陋。

在随笔札记中，达·芬奇透露了他对异性性交行为的厌恶。一个相应的后果就是，他画的女性生理解剖图故意地、挑衅地免除了那种肉欲性感内蕴。他非但没有将女性裸体呈现为审美快感的一种来源，反倒更乐于把女人画得令人毫无欲望，或者演绎得很丑陋——只是很多的生殖和排泄器

1

2

3

4

5

6

左图：在《人类与动物的情绪表达》（*The Expression of the Emotions in Man and Animals*，1872）中，达尔文提出面部表情是内在情绪的持续一致的表露。他还认为有些表情姿态有着实际可靠的基础，比如表示肯定或否定时，人们的点头或摇头动作基于幼儿期的实践：要吃奶时会低头吮吸母乳，否则就会摇头拒绝。人们在对任何令人生厌的刺激源做出反应时，会有一套可预见的面部表情和动作发生。达尔文说，面对攻击性的或者丑恶的刺激物，人们会本能地掩面或掉头保护自己。左侧的表情图解“欢乐、兴高采烈、爱、柔情、诚挚专注”出自该书的插图，书中借用了杜兴·杜·布罗涅（Duchenne du Boulogne）的摄影图片。杜兴的外貌面相研究论述极大地启发了达尔文。

次页图：达·芬奇的白杨木板上油画《蒙娜·丽莎》（约1503—1506）。这位谜一般的“乔贡达夫人”、“微笑的妇人”让一切解读阐释的努力都沦为徒劳，但毋庸置疑，也代表了女性美的一个理想典范。但达·芬奇对畸变异形和无瑕完美都同样感兴趣。他对“滑稽怪头”的痴迷——正如这张速写草图（约1490）所显示的——证明了他狂躁不安、骚乱动荡的内心想象图景，以及他那不停探寻追索世间奥秘的才智。根据他遗留的随笔札记，我们可以判断出他对人类之丑和人类之美抱有同样浓厚的兴趣。

官的肉体孔洞与一堆张开的穴道。

对于丑陋，达·芬奇还有着一种更宽泛的兴趣。他的速写草图暴露出他对畸形与残损人体的异常迷恋。实际上，数百年来，人们对达·芬奇绘画创作的更多诠释和更深理解，是通过这些令人焦灼不安的草图，而不是从他那些庄重优雅的美妙绘画中获得。你甚至可以说有一个达·芬奇审丑专题研究学科。他那些怪诞丑恶的绘图让杰出的艺术史家和达·芬奇研究专家——肯尼斯·克拉克（Kenneth Clark）与E.H.贡布里希（E. H. Gombrich）——都大惑不解、难以置评。1952年，在关于那些“滑稽怪头”的讲座中，贡布里希说：“在那种也许可被称为前人道主义的时代里，如此的丑恶畸形和诡异残障——侏儒、缺胳膊少腿的以及奇异怪诞的体貌面相——都属于‘怪物大观’这样的一个类别范畴，让人们瞠目而视。”这样的说法大概也不无道理，但在达·芬奇看来，美与丑是互为依托共生的，如果他笔下的丑没有意义，那么他出品的美也就不可能有意义。

上图和右页图：曼彻斯特，1883年的船坞与1835年的联合街。这座城市的工业文明给人带来梦魇般的烦躁印象。这里的肮脏污浊驱使安·李（Ann Lee）逃离，去了美国。在一种否决抗拒（现代工业）的心态下，她在美国创立了“震颤派”。同样的城市景况让浪漫诗人罗伯特·骚塞（Robert Southey）申诉抱怨那“机械的永恒喧噪”，还激发弗里德里希·恩格斯（Friedrich Engels）开始了政治思考与谋划。但同样是这些厂房，也给了建筑师卡尔·弗里德里希·申克尔（Karl Friedrich Schinkel）以启迪，他那质朴无华的古典风格预言了现代主义的到来。

机械的永恒喧噪

有一个观念认为，体验厌恶可以引发对于完美的欲求。这个观点很重要，因为丑需要美来匡正。风雅艺术——如果无关社会改造的话——得以

COTTON FACTORIES, UNION STREET, MANCHESTER.

完善的历史中，也有过诸多最奇妙也最令人动容的发展进程，而这其中的一场运动是通过龌龊、凶险、低贱、卑污，同时也栩栩如生、特色鲜明的一系列“恶心厌憎”环节来完成的。这里所说的就是“震颤派教徒”，这一美国乌托邦式宗教社群，其源起是在工业革命时期的曼彻斯特。

18世纪后期的曼彻斯特到底有多么令人作呕，我们可以从19世纪早期身在当地的一个小伙子那里得到线索。按照他的见解，他当时置身的这座城市确实很污浊，由此便能推测18世纪下半叶，曼彻斯特大概是什么样子。这位当年的小伙子叫弗里德里希·恩格斯。根据自己在该地的“安柯茨”与“麦德洛克的乔尔顿”这些街区的亲眼见证与亲身经历，他撰写了《英国工人阶级状况》（1887年英译德国版）。工业革命的引擎——至少是在当时世界的这个局部——基本都装在棉纺厂里，将人类劳动力当作燃料吸入其中，然后吐出腐臭的渣滓。产出的污秽有多丰富，那种冷酷无情的效率就有多高。

曼彻斯特的土地价格飞升，城市沦为人间地狱。当然，地狱是没有照明的——除了牛脂蜡烛，也没有通风，更没有卫生设施。一家十口挤在一间不到十平米的破房子里。1832年的一篇报道描述了有一处城区，380人公用一个单人厕所。在邻近曼彻斯特的利物浦，约10%的人住在地窖里，阴沟和下水道的污物还会渗漏进去。霍乱成了当地流行病。

乔纳森·艾特肯（Jonathan Aitken）描述了这样一座曼彻斯特：“泥

纽约州黎巴嫩山附近的震颤派教徒（约1870）。震颤派的整体信念都拒斥和否定城市工业文明。他们在灵感突降之际的醉心群舞形成了富于感官之美和节奏律动的身体动作，由此引致了“震颤派”的命名。震颤派还拒绝性行为，仅通过招募活动来扩大规模。

上图：位于肯塔基州梅瑟县（Mercer）的震颤派中心家庭（财产）受托人办公室的旋转楼梯，杰克·E.布歇尔（Jack E.Boucher）摄于1963年。震颤派教徒修建的所有建筑都有着明显的谐调之美。

泞的道路上，或前或后会有无法无天的粪堆安然盘踞。当然，这些道路是纯天然的，没有那种人工雕琢的碎石路面。床铺上生机勃勃，各种小虫子应有尽有。洗一次热水澡的价钱竟相当于现在的11英镑。”1808年，“湖畔派”诗人罗伯特·骚塞到访，他说道：“曼彻斯特是一个被剥夺了全部乐趣的地方……要凭空捏造出这样的地方，会是对创造力的极大挑战。”接着，他描绘了那拥塞的人口：“想象一下那逼仄街道上摩肩接踵、蝼蚁聚集般的人群吧。房子都是砖头砌成的，被烟雾熏得黑乎乎的；小房子的迷魂阵中也频繁出现巨型建筑，就像修道院一样庞大，但没有修道院的古朴韵致，也没有那种美感，那种圣洁的气息。如果你去听这些建筑中传出的声音……只有机械的永恒喧噪。在那里，当钟声响起，就是在召唤那些可怜人去劳作，而不是去祷告。”

一言以蔽之，曼彻斯特是丑陋的。正是这种令人作呕的生存体验激发了一场最深刻彻底、最痛彻感人的逃亡与规避行动。安·李——一位仆役阶层的贫穷女子，谋划和实施了她的生理、哲学和性灵三重意义上的逃亡，逃离了这病态的肮脏污浊。这位文盲女子——显然有着超凡的人格魅力——之前已经与贵格会有过接触，她将逃亡、虔诚和上帝显灵的圣谕融

上图：罗伊克罗夫特工艺联合会由阿尔伯特·哈伯德（Elbert Hubbard）主导，这是该团体在1900年左右于纽约东奥罗拉出品的一个铜盘，另一个为铜质加珐琅瓷釉装点的信笺搁架，1900年出品于布法罗工作坊。这一乌托邦社团将其关于完美的理想融入了日常实用器具的设计当中。

次页图：宾夕法尼亚州伯利恒摩拉维亚教派教堂内景（1948）。该教派是美国数个乌托邦社群之一，谋求一种简朴清净的生活，与当时新兴的、日益扩张的大都市工业文明形成反差。摩拉维亚教派的基地是宾夕法尼亚州伯利恒，那是费城附近约200公顷的一大片土地，于1741年被购置后开始建设。

LITANY
HYMNS
234

LITANY
P. 22
HYMNS
234

合在一起，构建起一种崭新的生活方式，与她从前所成长于其中的丑陋环境形成强烈的戏剧化反差。因未守安息日，她曾遭监禁。在囚禁中，她第一次看到天父降临，向她发出召唤。

这些心灵愿景仿佛奇迹，其中包含的激情强度只有她那坚毅的决心才能与之相配：她决意重塑自己的身份，重建自己的世界。逃离曼彻斯特，时年38岁的安・李在1774年8月6日抵达纽约，设法让她自己和她的追随者在今日的沃特弗利特一带安下身来。她创立了“基督复临信徒联合会”。李嬷嬷（她很快以此称谓为人所知）宣告“天堂里绝无龌龊”，决定在新黎巴嫩（New Lebanon）一地建立起理想中的宗教社区，而这无疑是她的家乡兰开夏郡所没有的。教友们在灵感降临之际跳起心醉神迷的集体舞，姿态生动，富有感召力，而性的欲求就在快乐的舞蹈中被弃绝。

因为那些舞蹈者在心醉热舞时所体验到的狂喜震颤，她创立的信徒联合会被称为“震颤派”——虽然这一命名最初是出于嘲弄侮辱。李嬷嬷的震颤派形成了一种以令人敬畏的、严峻而又毫不妥协的至善论为特征的工作伦理，强调独身、勤勉和纯洁，这些品质又与一种独特的审美观融为一体。这种理念在实用性的建筑、家具和广义而言的禁欲（简朴）风格中得到了表现，而现代主义的鉴赏感知力发觉那很漂亮。“善的灵魂，”李嬷嬷理所当然地坚持她的主张，“不会居留在藏污纳垢之地。”所以，善的灵魂逃离了曼彻斯特的丑陋污秽。

美国出现过一系列矢志追求天堂般清净乐土的教派，德洛莉丝・B.海登（Dolores B. Hayden）在《七个美国乌托邦：1790—1975年共产社会主义的建构》（1976）中对此有过令人难忘的描绘。震颤派只是其中之一，其他的还包括宾夕法尼亚州的摩拉维亚教派（提倡在死后被竖着埋葬，以便节约空间），以及奥奈达公社（他们实际上创立了“圆满至善派”邪教）和罗伊克罗夫特工艺联合会。这最后一个相当于“英国艺术与工艺运动”的商业化版本，由工作伦理哲学的首倡先驱阿尔伯特・哈伯德担任该群体宣传的经理人——此人倒也颇为有趣。

但如果说到追求一个尘世间的完美境界，从而让信众对奢华享受、金银珠宝、功名虚饰和凡俗之爱的丑恶欲求都能恰当节制，从这个角度来看，震颤派的姿态是最彻底的，没有丝毫妥协的余地。“不要把心放在红尘俗世的得失上，”李嬷嬷说，“而是要把人间的利禄纠葛当作你的劳形苦役，由此保持精神的超脱和性灵的感知力。”

惊人的优雅魅力

李嬷嬷构想出了一个凡间天国。她对纯净风格的偏好受到多重诱因的驱动：来美国后清教徒风习给她带来的影响，再加上后工业革命时代的热忱，还有信仰复兴运动以及社群主义思潮或者任何困扰着她、令她感到痛苦难耐的经历——从肮脏鄙陋的旧环境和性歧视以至性虐待的悲惨遭遇中逃亡，这些因素的推动作用或许都不相伯仲。从1787年起，李嬷嬷及其追随者开始像一个“大家庭”那样生活。随后，在新黎巴嫩逐渐出现震颤派的家具和物品，这些设计体现了大家庭的一个信条，也即外在形式能揭示

右页图：明信片，一位震颤派女教徒在纽约州黎巴嫩山的家具店中根据客户订单制作椅子（约19世纪50年代）。请参见后页中，马萨诸塞州皮茨菲尔德附近汉考克震颤派村落博物馆里一把该教派制作的绳带编织椅面座椅，以及一台缝纫机。一个有趣的悖论是，震颤派拒斥现代工业，但他们的家具和建筑中干净的轮廓线条却受到20世纪工业设计师的强烈推崇。

左页图：马萨诸塞州皮茨菲尔德附近汉考克震颤派村落博物馆里一把该教派制作的绳带编织椅面座椅，以及一台缝纫机。萨缪尔·克拉维特（Samuel Kravitt）摄（1935）。

次页图：圣卡特琳娜教堂。这一最引人瞩目的巴洛克风格西西里教堂始建于1566年。教堂内那令人瞠目结舌的过度夸饰和极尽张扬的视觉立体幻象，挑战了人们关于神界安宁气氛和心灵抚慰的所有预期。到这里参观，会让你既感到挑衅冒犯又感到莫名兴奋。

和透露内在精神。一旦你对自己发出一个训喻指令，比如“让你的桌子足够干净，不铺桌布就可以用来就餐”，那么，其后就必定会有一种审美标准伴随。

震颤派的至善完美，最全面的表达体现在他们的聚会厅上，其中的首批建筑由建筑大师摩西·约翰逊（Moses Johnson）设计。这些房子全部被涂刷为白色，以此跟通常为红色或黄色的工商业建筑区分开来。震颤派教徒也制作日常器具，比如木桶、篮子与盒子，它们都显示出惊人的优雅魅力。橱柜加工大师大卫·罗利（David Rowley）重塑了美的概念，或者说，至少是将美再定义为一个不断精简和提纯改良的过程。这些创作背后的理念是：“即使是在给一堆洋葱称重，一个人也可以表现出他的宗教热忱，就跟他高唱赞美上帝的颂歌时一样。”查尔斯·狄更斯（Charles Dickens）拜访过震颤派，感到颇为惊愕和沮丧，但查尔斯·希勒（Charles Sheeler）这位工业景观画家，却更多地对其表达了热切的关注。他看到了至善完美主张中所蕴含的美好的民主精神：“对于任何物品，震颤派教徒都一视同仁，拒绝那种公认的惯常偏见和区别对待的目光，而只着眼于其工艺品质。”任何事物都可以是美的，作为一个必然的推论，也就是说，没有什么会是丑的。米卡亚·伯内特（Micajah Burnett）设计的位于“喜乐山”（Pleasant Hill）的聚会厅完成于1820年，它是对于丑的一种回应。伯内特用建筑表现了人间天堂的概念。“奇异的或者匪夷所思、花里胡哨的”建筑风格必须避免，震颤派坚持这一点。

震颤派教徒遵守了一些很严格的规则，强调工艺设计与美德追求不可分割。床架必须漆成绿色。床单不可以是格子、条纹或者花样图案的。连镜子大小也有讲究，不允许高于46厘米或宽于31厘米，否则一个“信徒”就可能被虚荣诱惑上钩。窗帘只能是白、蓝、绿或者其他“谦卑、端庄”的颜色。震颤派有一套美的规则，归纳如下。通过反向推理，我们当然也可以确定震颤派丑的规则为何：

1. 匀称、有规律是美。
2. 和谐是大美。
3. 秩序是美的创造物。
4. 美有赖于实用性。
5. 没有实用性作为基础，美很快便会索然寡味，会不断被后继的新事物所取代。
6. 有最高应用价值的，是全美之物。

奥奈达公社版本的至善完美就没有那么严苛，而是更商业化。这一团体的创建者是一位耶鲁大学毕业生，名叫约翰·汉弗莱·诺伊兹（John Humphrey Noyes，1811—1886）。像李嬷嬷 样，他也是受到上帝的召唤，去开创 处人间天国。按照诺伊兹的阐述，这一尘世天堂不仅仅体现于设计绝对完美、根本无需也不可能再改进的实用物品（“终极鞋”和“懒苏珊”餐桌是奥奈达的成就），还包含有“复杂婚姻”。这后一点等于是特许令，让教徒可以自由、无限度地通奸以至乱伦，而根据《圣经》

的教义，其中含糊地提到这样的“婚姻”是应受到惩罚或制裁的。结果，群居乱性的做法让他们被赶出了佛蒙特州的帕特尼。

对丑的记忆让震颤派教徒渴望美，渴望一个精心设计出的纯净环境。那是人间天堂，最起码对那些喜好极简主义生存模式的人而言是这样。如果要检视人类多样化和创造发明的天才，要勘定将美作为一种宗教理想的表达有多么极端，只需将震颤派室内陈设的纯净简朴与巴洛克风格室内装潢的繁复至极、美轮美奂来做一个对比。重要的、也是深有意味的一点是，震颤派的简朴清净固然是由对污秽和剥削滥用之丑的厌憎所激发，而巴洛克的灵感动因也是源于错失或罪孽。这一种或者那一类的畸形与扭曲——心理上的或者形态层面的——是巴洛克概念的核心与关键。

因此，我们在巴洛克艺术中看到狂喜晕厥、姿态与表情都极为夸张的圣人形象，看到蜿蜒翻卷的建筑细节，看到对于表现情绪和审美极端状态的一种矢志追求，令人眼花缭乱的同时又觉得有点荒唐滑稽。震颤派美学中节制与简明清晰的特征显而易见，这或许是源于李嬷嬷对性的嫌恶和抵触：那种设计是独身禁欲的一个隐喻。巴洛克的夸张变形也是一种性的表征，只不过体现出的是纵欲狂欢和高潮极乐，而不是贞洁纯朴。巴洛克是另一个版本的人为设计模式：将畸形丑陋转化为艺术。这是被合理化的放纵，是另一个版本的人间天堂，也恰好是无瑕纯净的对立面。迈克尔·斯诺丁（Michael Snodin）是伦敦维多利亚和阿尔伯特博物馆的一位策展人。他说：“根本就不会有不纯的巴洛克。”* 无节制、放纵或极度夸饰的元素，不管有多扭曲变态，都会得到巴洛克美学的包容和吸纳。

实际上，巴洛克因以得名的意大利语单词barocca，指的是一颗形状不规则的珍珠，或者说一只丑小鸭。值得注意的是，那些曾进行过我们通常所指意义上的巴洛克艺术实践的人，他们并没有提出过这个词来为自己扬名造势。Barogue有如今这种意义的用法，还要归功于瑞士艺术史家海因里希·沃尔夫林（Heinrich Wölfflin），他那本名为《文艺复兴与巴洛克》（*Renaissance und Barock*）的专著出版于1884年。沃尔夫林对瑞士正统人认为的丑的巴洛克风格作了系统的表述。

*You simply can’t have impure Baroque. 此为双关俏皮话，impure另一个基本含义是肮脏色情的。巴洛克本质上与色情纵欲不可分，“不纯的”巴洛克，即不够色情纵欲的巴洛克，而此话的用意即在于此——不够色情纵欲的巴洛克是不存在的。换句话说就是，纯正的巴洛克必然都是不纯的。

一种意乱情迷的暗昧氛围

无疑，任何一种建基于纪律、约束和节制的审美思维，在面对巴洛克冲击的体验之后，不免会困惑茫然、不知所措。我们来看看也许是所有巴洛克建筑范例中最突出的一个例证：西西里巴勒莫的圣卡特琳娜教堂。就视觉形态上来看，教堂室内显然让人应接不暇，或许有人还会说那显得粗俗恶劣。教堂穹顶上是菲利波・伦达佐（Filippo Randazzo）和维托・德安纳（Vito d’Anna）合作的壁画，那“欺骗视觉”的立体幻象让人头昏脑胀。镀金、陶瓷、大理石、雕刻、玻璃等和烛台拥堵在一起，仿佛在蠕动爬行着，争先恐后地要吸引来客的注意。那阵势要么令人恐惧生厌，要么就让人目瞪口呆、望而却步，甚至毛骨悚然。或者说，前述这些感受悉数而至。

文森特・克罗宁（Vincent Cronin）写过一本美妙的游记《金色蜂巢：访寻西西里岛》（*The Golden Honeycomb: a Sicilian Quest*，1951），素材来自他旅行途中所做的笔记。他在书中如此描述自己到访圣卡特琳娜教堂的体验：“目眩神驰，绝对满足，同时还有一种意乱情迷的暗昧氛围。”这样一句话中，大概有着一大串生机盎然、蠢蠢欲动的性的指涉隐喻要夺路而出，而震颤派的至善纯净中同样也包含了一种性的隐喻，只不过是被有意识地约束和遏制住了，是遭到挫败的失意的性。天堂中或许也会有脏乱龌龊，而在俗世人间则是必定会有。可以肯定的是，困苦和扭曲畸形固然可能是丑的构成要素，但同时也是启迪和激发伟大艺术的灵感来源。千差万别、类型极为多样化的美，能够通过达・芬奇那一系列奇形怪状、面目可憎的速写图像创造出来——看上去确是如此。

2 丑陋的科学 或 善的数学引致恶的结果

左页图：1945年8月9日，一颗名为“胖子”的原子弹被投向日本长崎。它由一架B-29轰炸机运送投放，执行任务的是美国空军曼哈顿区第509混成编队。长崎在最后一刻被选定为轰炸目标，取代了原计划中的圣城京都*。

*据史料记载，原先投弹的目标城市应为小仓。

丑可以用数理手段精确衡量吗？
科学在审美意义上是否中立？
我们赞赏某种事物，是否有心理定势？
恶心污秽之物有可能美吗？
如果猪非常有用，那它为何还是丑？

科学可以探明是什么让某种事物令人厌憎，但无法对此做出描述性的定义。科学能够告诉我们某种特定的丑的特质，但科学能生动地描述这种特质吗？比如说，败坏的气味和糟糕的口感结合在一起，那样的葡萄酒被称为“软木塞味”酒。按照科学的定义，那种气味的成分就叫2,4,6-三氯苯甲醚，简称TCA，也即一种真菌类化合物，但这种描述显然不是具象可感的，只会让人不知所云。

如今，有一种天真的信念，以为科学本身无所谓善恶，在道德上是中立的，但事实上未必如此。文学史上，有些作品的主题是关于科技进步所带来的不安忧虑，其中最著名的例证当属玛丽·雪莱（Mary Shelley）的《弗兰肯斯坦》（*Frankenstein*，1818）。书中的故事隐喻科学对自然加以干预后所导致的灾难性后果，而这种后果丑恶得令人恐惧。但事实上，弗兰肯斯坦所创造出的可怕怪物原本只是一个乖宝宝。“到处都能看到天赐极乐，而只有我单独一人被无可救药地排除在外。”他——如果真的有这么一个“他”——哀叹道。

作为一门新兴的学科，神经审美学（neuroesthetics）的出现让我们看到有希望能以科学量化的精确手段来研究美，而在此之前，只有靠基于文化限定条件的品位和个人化的既定成见来进行操作。神经审美学是《内心景象》（*Inner Visions*，1999）一书的作者塞米尔·泽基（Semir Zeki）所生造出的一个复合词术语。这位神经外科医生供职于伦敦大学学院附属医院。神经审美学学派尤其是泽基本人的信念是，既然人类对外界的认知过程是基于神经机制受刺激之后的活动，那么其对艺术的反应也就应该可以通过生化实验的手段去分析研究。果真如此的话，我们的美学品位就不是我们所接受的教育或遗传承继而得的各类癖好倾向的产物，而是一种实实在在的、必然的神经活动的结果，源自头脑中的生物电能和对外部刺激的本能反应。倘若神经审美学的论题主张是有效的，丑就不再是有争议的事物，而是一种可定义的绝对物。

泽基的一位同僚，V.S.拉马钱德伦（V. S. Ramachandran）认为，不同的时代、不同的文化所欣赏的所有不同类型的艺术中，都有着共同的因

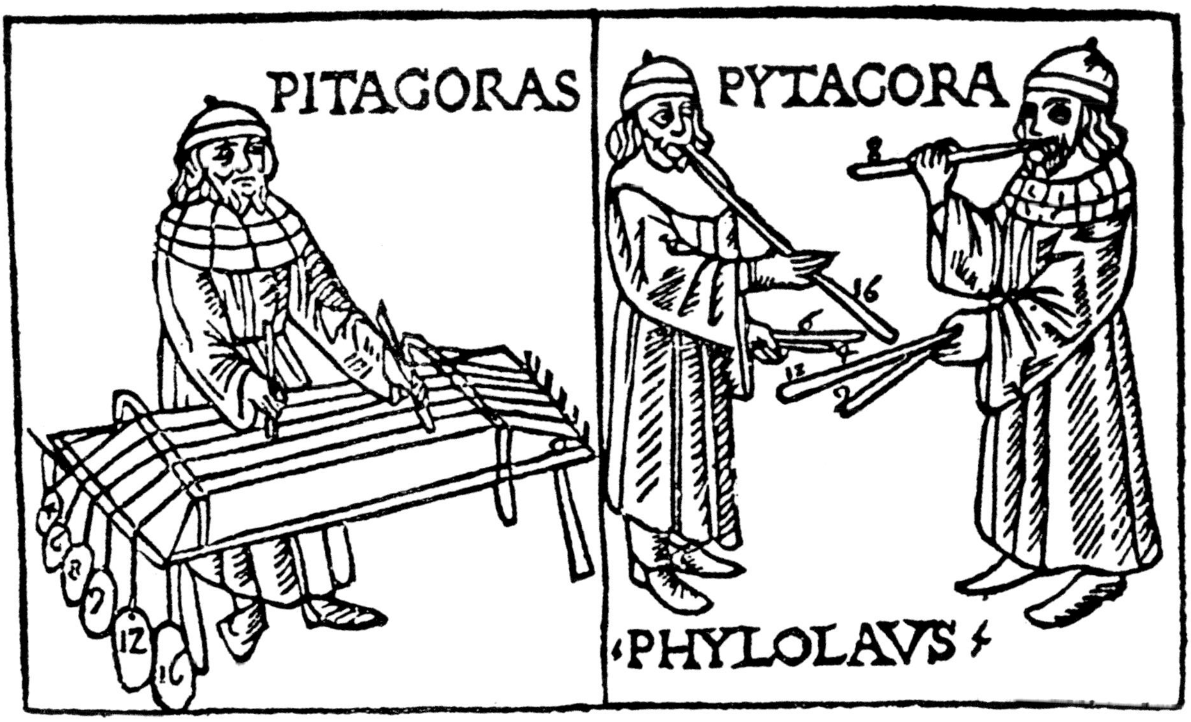

上图：萨摩斯的毕达哥拉斯提出一个论点，说音乐可以用数学加以精确阐释。他提到所有天体一起谱写的大同谐和旋律（天体音乐），认定所有美好的经验感受都可通过比例规则来关联或理解。不过，如果美有着数量化的基本原理，能否说丑也同样如此呢？

次页图：由安德雷·帕拉迪奥（Andrea Palladio）设计的位于意大利维琴察的马尔康坦塔别墅（1559—1561）。此别墅在建筑界相当于"美妙形态"标准的同义词：完美的对称均衡、良好的形态和优雅的比例。在整个建筑史上，帕拉迪奥的建筑设计受到的仰慕推崇或许是最广泛的。不曾有人说过："哦，帕拉迪奥的这栋房子真丑！"

素。他说道："可能有一些神经元……所代表的是圆润的、带来感官愉悦的女性形体，而另外的一些则相反，代表的是棱角分明的、硬朗的男性体态。"

消解世界的美学魅力

包括约翰·海曼（John Hyman）在内的一些评论家断言，神经审美学的理论主张带来一种危险，将"消解世界的美学魅力"。古典时期和文艺复兴时期的人们认为，严格遵循一套比例规则就会在建筑和艺术作品中产生美。这一更早版本的类似威胁，也是要消解世界的美学魅力，因为关于比例的那种观点似在表示，既然规则已经完美确立，未来就没有必要进行更进一步的探索实验了。类似地，对大脑功能的最新研究也暗示，我们对比例的感知，对何为匀称均衡的判断，对特定形状和线条轮廓的偏好，可能有着一种生理意义上的基础。在实验室环境下，在人的头皮上夹紧传感器，然后就可以调节电流，从而看到对应的脑电信号的运行状态。有了这项技术，也许在不远的将来，我们便能明白，从毕达哥拉斯（Pythagoras）经由圣托马斯·阿奎那（St Thomas Aquinas），再到唐纳德·贾德（Donald Judd），这漫长的文明史中，一直大受推崇的比例法则及其背后的数学公式，原来在大脑化学反应的一团黑暗中有着相应的基础。

比例是一种数学关系的法则，决定了建筑和艺术创作能否产生愉悦的效果。比例是规避丑的一种方法，而且，仿佛是为了证明这法则在人类

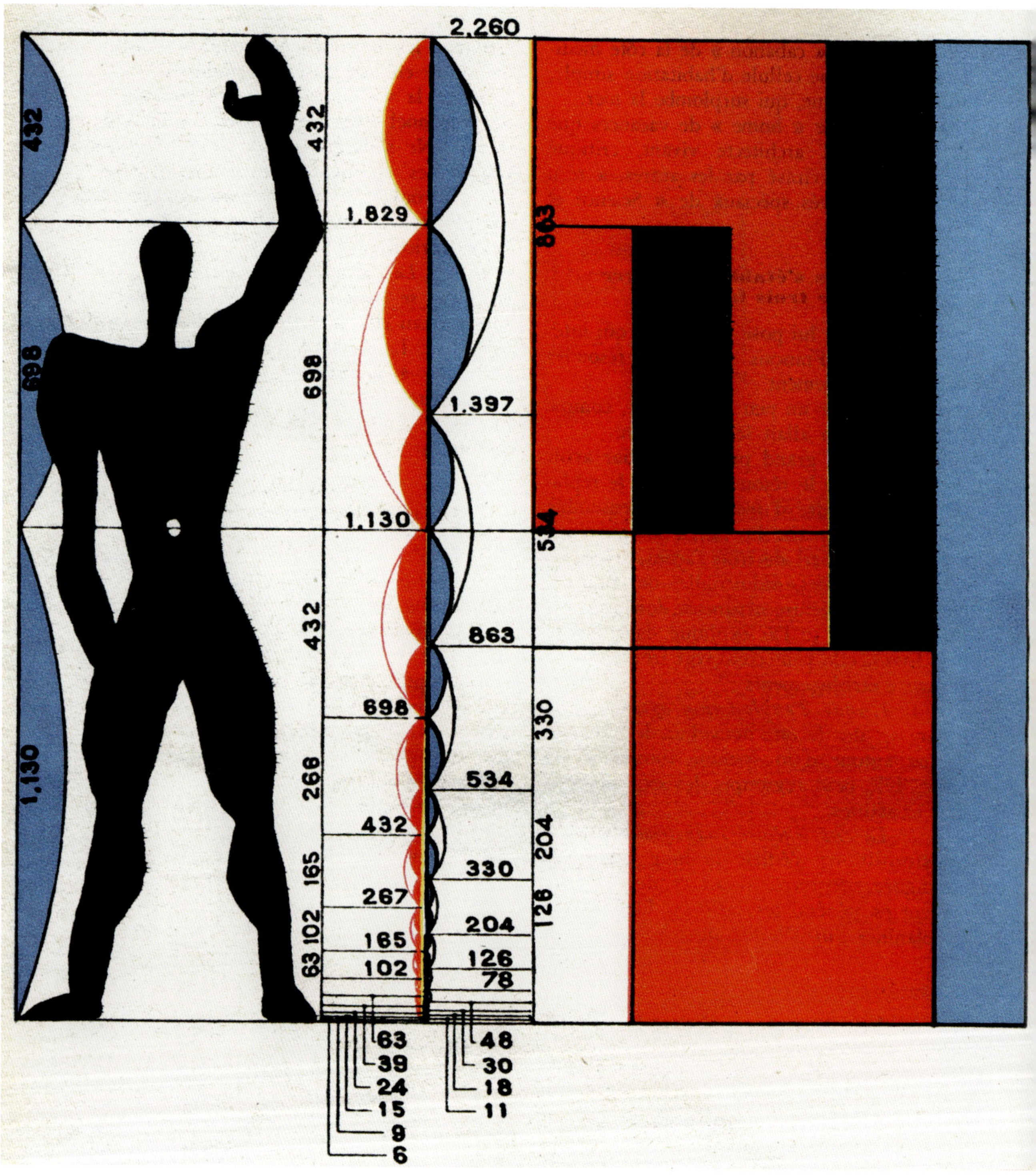

2,260
432
1,829
698
1,397
1,130
863
698
534
432
330
267
204
165
126
102
78
63
39
24
15
9
6
48
30
18
11
432
698
1,130
432
698
432
268
165
102
63
863
534
330
204
126

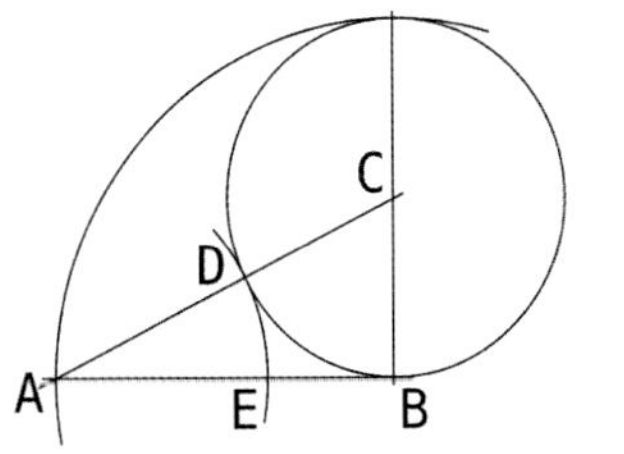

上图：黄金分割，拉丁文叫sectio aurea，是一条经典的比例法则。一根线被分割，如果分割下来的短的那一段跟长的那一段的比例关系与长的那一段跟原先整根线条之间的比例完全一样，那就是一个黄金分割。用数字来表示，这个比例就是1：1.618。有人猜测说，我们觉得这个比例好看，是因为这跟人类视域范围的高和宽正好相称。

左页图：勒·柯布西耶的《模度》，刊发于《科学与生活》（*Science et Vie*，1955年10月）。柯布西耶的批评者讥刺他是一个无人道的机械技师，而事实上，他对人体比例有着强烈的研究兴趣，就像是承继了达·芬奇的人体测量学传统。他受到负责标准化事务的政府机构——法国标准化协会委托，撰写了专著《模度》（*Le Modulor*，1948）。

次页图：这幅图中的向日葵籽实显示出，无数自然形态的演变都可以用数学来分析描述。花瓣的数量和籽实生长的角度往往与斐波那契数列相对应。斐波那契数列的命名来源于“比萨的列奥纳多”，在其撰写的《计算之书》（*Liber Abaci*，1202）中，明确表述了一种（植物）生长的序列模式，而这最早是由梵语学者提出的。在斐波那契数列中，每个新增加的数字都是它前面两个数字之和。以这样的数列创建出的形态通常都赏心悦目。

事务中的深远意义，比例关系的原则也适用于音乐，而不仅限于艺术和建筑。毕达哥拉斯早就知道美妙的声音可以用数学公式表达出来。

举个例子，一个矩形，长宽比例是2:1，如果你按照这个比例顺次剪下一截一截的弦，以同样的张力把剪下来的弦绷紧固定，再去弹拨——就像演奏弦乐器那样，它们各发其声，恰好就构成一个八度音阶。再用长宽比例是3:2的矩形来做同样的实验，所得到的不同结果就是一个五度音阶。依此类推。

比例法则从音乐向艺术的跨界应用最明显地体现在建筑上。建筑是凝冻的，也可以说是固态具象的音乐，至少弗里德里希·谢林（Friedrich von Schelling）是这样表述的，或者按照歌德（Goethe）的说法也是这样——这句话的知识产权归属显然还存在争议。比这种表达的首创者身份更确定的是，帕拉迪奥的建筑设计应该会得到毕达哥拉斯派音乐家们的认可。马尔康坦塔（Malcontenta）别墅是帕拉迪奥的代表作，它简直可以用数字手段去精确量化，再转录成一首旋律。但吊诡的是，由此而生成的音韵却可能并不悦耳，反而是难听的。帕拉迪奥遵循毕达哥拉斯的比例准则去设计：首先画出一个方正的建筑平面图，画上对角线，再将此线下沉移位画出一个较长的房间形状，比例是$1:\sqrt{2}$。这样的视觉效果是令人愉悦的，但按照同样的比例创作出的乐音却构成一个增四度的音程，而那是大部分人都觉得刺耳的。这样的不谐和音被称为diabolus in musica，也即音乐中的魔鬼之音。所以，丑和邪恶在这里再度出现了关联。

这样看来，比例法则并非在音乐和建筑中完全通用。$1:\sqrt{2}$恰好跟一张A4纸的宽长比例（是否能绝对达到这种比例？）完全一样。这种纸张的尺寸标准最初是由医生格奥尔格·克里斯托夫·利希滕贝格（Georg Christoph Lichtenberg）在1786年提出。这种比例有一种近于神奇的特质：你将这样的纸对半——折叠或剪开都可以——之后，它的长宽比例还是保持不变。在法国大革命那些仁人志士的精神视野中，这一美妙的逻辑有着强烈的魅力，而现代社会对这种比例的接受可以回溯到1798年，虽然得到正式的成文认可还要等到1922年——那一年，德国工业标准（DIN，Deutsche Industrie Normen）明确了纸张页面大小和比例的细节。DIN 476将毕达哥拉斯比例（和210×297毫米的A4纸尺寸）定为欧洲的统一规范。

神秘的“天体音乐”与世俗常见的纸张相遇结合，产生出实用范畴的美，当然是好事一桩。如果说和谐的概念对于美很重要，那么引申开来，不和谐、不协调对于丑这一理念而言必定就是至关重要的。在艺术和建筑领域中，人们最熟悉的比例准则是罗马人所说的黄金分割（sectio aurea）。这是一个无理数，在形态和节奏上与斐波那契数列紧密相关。（这里所说的斐波那契数列是一个数字序列，从0开始，接着是1，再重复1，然后是2，依此类推，后出现的数字是它之前的两个数字之和。）

欧几里得提到过下面这个见解——虽然只是非正式的表述，即以这样的比例方式分割开一条线段，将较短的一段和原先整条线段作为宽和长，所构成的长方形的面积就等于较长的一段所构成的正方形的面积。或者，换一种表达法，就是8:13的比例，8×（8+13）≈13×13。或者再换一种表达法，就是1:1.6180339887。1.618经常被称作是一个美妙的、甚至是神圣

上图：塞缪尔·柯尔特（Samuel Colt）的专利武器制造公司于1836年在康涅狄格州哈特福德创立。他的设计简约质朴，而且精致典雅，在1851年的万国工业博览会上给参观者留下了过目难忘的印象。这是一件呈现出大美风范的制造物，但用途却是丑恶残忍的。

的数字。这个数字在现代历史上的地位要归功于卢卡·帕乔利（Luca Pacioli）所写的那本《神圣比例学》（*De divina proportione*，1509）。数学家们讨论的是递归式生成多项式，但真实世界的经验对于黄金分割的阐释以及人们觉得这个比例令人满意的原因则是这样的——8:13的比例跟人类眼睛视域的比例差不多一样。满足这样的比例后，我们就觉得事物好看；不符合这样的比例，结果就是丑。

建筑与科学之间的关系也不是很稳定，但即便如此，要想在实践中取得成功，与其他艺术相比，建筑也必须更多地对物理定律做出响应，而这些定律可以用严格精确的数学概念表达出来。上述这一观点，间或会有人提及，首先是在诗歌中涉及和在建筑评论中表达出来。这里举一个不太平常的例子，维多利亚时代的批评家考文垂·帕特摩尔（Coventry Patmore）认为，建筑之美是重力作用方向的表现。因此，一栋房屋之所以美，这一谜团或者奥秘可以用一条简单明确的物理定律来解释。更进一步说，建筑之丑可以解释为是房子的设计违反了那不可规避的重力定律。我们看到"画蛇添足风格"（featurism，意为增加过度的和非必要的特征）那突如其来、勉为其难的曲线涡卷或者其他俗艳的建筑表征效果，会觉得不舒服，原因大概就在于此。更近期的例子，那些没读过勒·柯布西耶（Le Corbusier）专著的人贬斥他只是一个会计算的机械技师，说他执意将人性因素从建筑设计中剥离，创作的都是居住机器，让人们只能居住在混凝土构筑的大型泵机中，只剩下水泥和机械形态的情感生活。实际上，他研发过一个以人体为基础的比例系统。这个体系被他称作"模度"（Modulor），并在1948年以图书的形式出版。这一比例模块以人体比例为参照，而人体本身的比例又与斐波那契数列密切相关。关于这个发明，这位建筑师写道："韵律在眼睛看来应是显而易见的，韵律之间的相互关

PAT. SEPT. 19. 1871.
JULY. 2. -72.
JAN. 19. -75.

装配于三角座架上的维克斯机枪，约1912年。维克斯是对马克沁机枪的改良升级，在实战中表现出惊人的可靠性。1916年的一场战役中，一个机枪团队在12小时内射出了100万发子弹，而且是连续发射，不曾有过任何间断，也未出现过卡壳。这种令人不寒而栗的邪恶威力，也许是工业生产技术进程中一个终极的反向运用案例。

系也是清晰的。所有韵律都植根于人类行为中，以一种有机的、整体的必然性在人类身上回响。”

科学本身是没有美丑的概念的，尽管数学家们经常会说某个方程式是“漂亮的”——如果这个方程式简练雅致又准确。“数学家的表达模式必须是美的，”1904年，G. H. 哈代（G.H.Hardy）写道，“美是首要的考验。在这个世界上，丑的数学无法享有恒久的位置。”这样看来，一个丑的方程式就应该是繁琐、错误的。科学研究者有时候也将实验的结果描绘为“很美”。科学本身追求的可能是中立，但这种描述用词的选择或许揭示了人脑构造中最根本的东西：如果能带来智力和知性的愉悦，那么枯燥的微积分也可以是美的。这当然也就提示我们，美的根源可能是存在于思维概念中，而不是具体表象中。如此一来，毕达哥拉斯定理（勾股定理）就是绝对的完美。有人会觉得$1:\sqrt{2}$丑吗？

对于丑，我们同样也可以如此探讨。丑是寓居于概念中，而不是皮表外壳的形态中吗？成功的机械设计，当然要遵循科学定律。但是，一台遵循了科学定律却带来冷酷残暴后果的机器也可以声称是很美的吗？难道可以无视创造这台机器的意图？一件武器能说是美的吗？枪经常被当作完美功能的范例被提及，就仿佛一颗致命的子弹高效地发射出去，一定会莫名其妙地显示出某种完美的形态似的。但如果涉及到死亡，这样轻浮草率的说法还能站得住脚吗？建筑当然有必要对重力作用加以描述，而谈到枪，大概就不必去大肆渲染弹道弧线是多么优美了。

一把设计精良的枪也能带来快乐

0.45英寸口径的柯尔特手枪在很多设计史著述中都占有一席之地：那独创性的模块化设计构造让人们可以去大量制造，而且成本大幅下降。此枪成了美国西部边疆先驱开拓精神的一种表达和象征：质朴无华，坚定不移地追求目标。在19世纪中叶那一大堆机巧花哨的类似产品中，柯尔特带着端庄与尊严脱颖而出。不过，柯尔特的功用依旧是去破坏和残杀，去征服生命和胁迫灵魂。当然，这把枪的尺寸比例非常精当——不管那是出于偶然还是有意为之。

效能卓越的技术被用于制造用途极端丑恶的事物，这样的例子并非绝无仅有。我们看另一个例子，俗称为“扫把柄毛瑟枪”的M1912型半自动手枪*，它所代表的丑恶的破坏性意图肯定就不像柯尔特0.45那样含糊了。M1912形态野蛮粗重，体量也升级为大号。这原本已有咄咄逼人之势，再加之细节部分的工艺精雅细腻，就更令人望而生畏。或者，我们再看看维克斯·马克I型重机枪。这一威名赫赫同时也是以凶暴骇人而闻名的武器，生产于1912年到1945年间，其目标在于以大规模工业化的效率将德国步兵团队化为一片血肉的雨雾。维克斯机枪所创造的不间断射击世界纪录是每分钟450发子弹。看看机枪右手边受弹口下方装填子弹的棘轮爪压片，这是魔鬼或死神的作品？或者，假如你看到帆布覆盖下的一挺重机枪，想想看，那是以维多利亚女王时代的风格对粗布夹克进行了精心繁复的改造吗？但那却是可怕的改造，就像在绑腿布下藏着一头蠢蠢欲动、伺机掠杀

*此处原文为“broomhandle Mauser M1912 machine-gun”，即德国毛瑟C96半自动手枪在1912年推出的型号。毛瑟C96在中国以“驳壳枪”或“盒子炮”之名而为人所知。

的丑怪猛兽。

B-52轰炸机：让人叹为观止

一架飞机将建筑对于重力作用的考量与一把枪那冷酷无情的功用主义结合起来，那还能否说是美的？当然可以，勒·柯布西耶便是这样想的。与他同时代的一些建筑师不幸沦为繁复装饰的奴隶，柯布西耶对此加以斥责，说道："飞机会指控你们的！"言下之意是飞机会伸出一根手指来谴责破坏这些花哨的老派建筑，同时也指向了通往未来美好建筑的道路。这里的前提条件就在于，建筑师们要遵循自然定律，正是同样的自然定律将飞机这重达数吨的铝制庞然大物送到了空中。

波音公司出品的B-52轰炸机最初的命名是"同温层堡垒"，这是二战之后美国对未来愿景的完美表达，辉煌壮丽地——或者也可以说是令人生厌地（这取决于你的品位倾向）——结合了地缘政治的帝国主义诉求、科幻、张扬炫耀的风格和牛仔精神。这个项目是美国空军上将柯蒂斯·勒迈（Curtis LeMay）的梦想，终于在欧战胜利日之后一片欢欣鼓舞的氛围中实现。该机种的首架原型机于1952年4月15日试飞成功，飞行员是一位名叫"泰克斯"·约翰逊的"好兄弟"。

从航空科技角度来看，B-52达到了极致卓越的高度。从道德角度来看，它又是令人蹙眉的。它是不是丑恶的，我们在本节稍后再做决断。B-52被视为遏制冷战的终极利器，就常规的高效爆炸弹药而言，其设计的可装载量是32吨——后来的G型与H型可搭载20枚AGM-69型近程攻击空对地核弹导弹。1965年，B-52飞行编组有了变动和改进，目的是为了能够进行地毯式轰炸，而各种残暴轰炸行动的可怕记录随后也就在越南诞生了。这些令人不悦的实例，我们就提一个吧——"中后卫行动II号"，那是1972年圣诞期间对河内与海防这两处地方的轰炸，在比12天还略微多点的时间内，B-52出动729架次，共投下15237吨炸弹。更近的时期内，当然也更令人恐怖的是，B-52携带了数量巨大的、毁灭性的核武器环绕地球四处游荡。这意味着来自空中的威胁：不管下面是谁，它都可能随时投下无情的炸弹，给人们带来灭顶之灾。虽然功能意图是丑陋险恶的，但B-52的科技成就却是令人激赏的。第一次海湾战争中，B-52完成了有史以来最长的航程任务：一次约22530公里的往返行程。后来，为了表示对环保的关注，B-52还成为使用合成燃料的首批美国空军飞机，实验所用的是"合成石油公司"以费（舍尔）托（罗普希）法生产的燃油。这是该飞行机器对环保意识的一次点头赞同，而它同时又有着毁灭整个地球的可怕能量。

在美国空军的内部人士当中，B-52又被称作BUFF，这一具有亲昵意味的首字母缩写原意是"丑胖大混蛋"（Big Ugly Fat Fucker）。无疑，与其功用性一样，这一空中战机的体量规模也令人震骇。它身上有着一种至高无上、不可触怒的威严。在埃德蒙德·伯克的《论崇高与美丽概念起源的哲学探究》（*Philosophical Enquiry into the Origins of our Ideas of the Sublime and the Beautiful*，1757）中，崇高之物的定义包括了恐惧敬畏、深奥、力量、剥夺一切的威权、广阔博大、无限、庞大伟岸、巨大声响

本页和次页图：加州爱德华兹空军基地，一架滑行中的B-52轰炸机，以及飞机“坟场”景象。波音公司出品的“同温层堡垒”B-52轰炸机于1952年开始服役，在军中被戏称为“丑胖大混蛋”。“限制战略武器谈判”达成的协议要求美国空军停用大部分B-52飞行编组，于是这些飞机被停放于亚利桑那州的沙漠地区，这样当时苏联的侦察卫星就可以拍到，看其是否履行了协议。飞机坟场的这一幕图景如噩梦般令人萦怀难忘，同时也让人颇感哀婉怅惘。

和不可抗拒的突然性。当然，还有“动物或野兽的嘶吼”，也会让人肃然起敬。

冷战结束之后，雄风万丈、凛然不可侵犯的B-52也就暂时没有了用武之地，其中的大部分现在只能退役，安放在干燥炎热的亚利桑那州沙漠深处。那里是戴维斯-蒙森空军基地，离图森市不远。从空中望去，这些遭遗弃的飞机构成一幅引人注目的壮观场景。这里是一个军事工业的废物堆积场，一处飞机的坟场。这些停驻的B-52按梯队整齐地排列着，其构成的队形图有着一种哀婉悲歌的气息，就像倒下的猛士。谁能说这个场景是美还是丑?

仿佛预先测算设计过，令人赞佩

如果功能作用被视为美的一个衡量标准，那么B-52显然是合格的。但同样还是在伯克的那本名著中，有一段精彩的论述提到了猪的实用功能性，以及为什么还是不能说这种农场家畜达到了美的要求：“如果仅从功能原则去考量，那一头猪的楔形鼻吻、那嘴鼻顶端坚韧结实的软骨组织，再加上那内陷的小眼睛，以及整个头部的形态构造，可谓是非常完美地契合了它日常事务的功能需求，让它可以去拱、去啃，去连根刨起它的植物美食，那猪岂不是美到了极致？”类似的论证也适用于猴子：“它们的肢体结构有利于跑、跳、抓握悬吊和攀爬，仿佛预先测算设计过，令人赞佩。不过，就生理功能而言，大概也没有几种动物所表现出的美逊色于猴子。”在自然界和科学当中，功能与美之间并无明显的关系……实用效能与丑之间，同样也是如此。

右页图：一只塌鼻金丝猴与幼猴。哲学家埃德蒙德·伯克说，如果只考虑到猴子的动作多么敏捷灵活，那我们就该认为猴子是美的化身了。

3 仪态风度或面目可憎之人

丑不仅只是肤浅的表征？
丑并非不得人心，该如何解释？
美令人厌烦吗？

人是丑陋的吗？这么说吧，人的语言当然可能是丑的。在英语国家的人眼中和耳中，意大利语听起来挺优美，但波兰语则比较刺耳。在艺术史领域，一项最近的研究（由皮奥特·贝纳托维奇完成，2006年出版于克拉柯夫）——这是从一本参考书中任意选取的一个例证——看似证明了上述观点。这项研究题为《铁幕背后的毕加索：多年来在东欧与中欧国家中对艺术家及其作品的接受》（*Picasso za żelazną. kurtyną. Recepcja artysty i jego sztuki w krajach Europy Środkowo-Wschodniej w latach*）。

面对丑，有些文化看似抱有一种积极肯定的意愿。即使按照东欧其他地方修建的那些斯大林时代风格建筑的可怕标准来衡量，20世纪中期的波兰建筑看上去依然是黯淡阴郁的，或者是张扬的——那种神气活现的炫示令人难以忍受。如果美——就像罗伯特·赫里克（Robert Herrick）所提议的那样——是一种中庸之道，介于平淡无奇与极端之间，那么近几十年来，波兰人就真的没取得过什么成就。而这里的潜台词即是，丑倒是达到了极致。

有个古老的波兰笑话说，根本不用怕这世上有丑妇，就怕伏特加没喝足。这或许也可算是论据，证明了外界对波兰的一种观念，即丑是这个国家民族身份的一部分。除了波兰，还有葡萄牙。意大利和西班牙的美学风格中，有一个明显的特征元素，就是那种有意为之的变形扭曲，但即便如此，与葡萄牙相比还是要甘拜下风，因为葡萄牙人的巴洛克建筑尤其夺人耳目。葡萄牙式的变形是极端的，而且还有一种见惯不惊的冷静风度，仿佛这个民族全体都有着一种意愿，就是要让别人惊诧不安。与视觉相类似的，西班牙语的语音在英语国家的人听来是和谐悦耳的，而西班牙邻国葡萄牙的语言——听起来有重得多的鼻音、喉音和尖锐的高音——似乎就是丑陋的。

风格——思维的外在装饰

关于丑的特征和规律，语言能够带给我们很多深入的见解和发现。

在有着权威影响力的《纯正英语》（*The King's English*，1906）中，弗勒（Fowler）阐明了“省略语”的意义。这样的一种修辞表达是很有用的简明缩略手法，由此可以避免“啰嗦丑陋的一大串词”。所以这里包含的一个理念就是，美在一定程度上还跟简明扼要有关。在《英语用法辞

右页图：沿着波兰华沙克鲁克沙（Krucza）街北望，1965年。文艺复兴时期的理想城市的布局设计要体现出“神圣比例”的要求。按照人们的猜测，通过数学关系式表现出来的和谐原则实际上是来自上帝的意志。苏联时代的共产党人则大不相同，指令性的计划经济倾向于出品要么是极为粗劣媚俗的、仪式庆典风格的建筑，要么就是水泥鸽子笼式的拥塞窒息的低成本工人住宅。

ARGED

左图：特洛伊的海伦。按照克里斯托弗·马洛的叙述，这张面庞如此美丽，竟催动了一千艘战船去争夺。海伦最早的形象之一（约公元前540年）出现在一只黑绘双耳陶罐上。生物化学教授艾萨克·阿西莫夫提出“海伦毫”这一计量单位，以此来作为美的衡量尺度。一“海伦毫”能催动一艘战船。

典》（*Dictionary of English Usage*，1926）中，弗勒还提到了“丑陋地”（uglily）这个不常见的概念，说“在所有以-lily结尾的副词中”，仅仅只有这个词——其本身就是一个丑词——“比其他大多数同结构副词出现得更为频繁”。的确是这样。

在语言中，丑是风格的对立面。“恰当的词用在恰当的地方，这就是风格的确切定义。” 很久以前，《格列佛游记》的作者斯威夫特（Swift）在为功能主义观念辩护的一篇文章中这样说过。因此，一个丑陋的句子，其中就充满了不相干的隐喻指涉和对典故的庸俗引用与改造。有一句谚语说道：“风格是箭上的羽毛，是为了让箭射得更直，而不是用来装饰帽子。”让我们的思绪像这支箭一样继续飞行，那么，丑肯定就不是箭上那必要的羽毛，而可能是让你的言辞显得粗陋笨拙或者容易冒犯人的那种特质。正因如此，在美国南方，有人会说“不要跟我显丑”，那意思就是“别这么粗鲁无礼”。在美国北方，“丑”有时被用来形容难以驯服的牛或者马。“丑的”情绪、“丑的”流言、“丑的”脾气和“丑的”乌云，这些表达法都扩展了“丑”的意义，指可怕的、危险的和不祥的。

但生理形态的丑及其暗含的厌恶排斥感，又该如何理解？美无聊而又乏味，这种理念也会反复出现，这也许是建基于这样一种看法，即简约和适度节制对美来说至关重要。美不能过分，极端了便不再美。斯科特·菲茨杰拉德（Scott Fitzgerald）有言：“除了一定程度的美之外，一个青春美少女跟其他小姑娘并没什么两样。”这句话透露了一个复杂的、令人好奇的人性真相：我们在探索丑的同时所渴望的是丑能得到纠正，或者说冀望他人的丑给自己带来心理上的安慰。丑是有趣的。

丑陋的公爵夫人（肤浅表象而已）

在大部分人类文明中，艺术都关注于捕捉、表现和定义美。不过，很不合常理的是，没有哪位艺术家画过史上最著名的大美人——特洛伊的海伦的肖像。她被帕里斯（Paris）诱拐，由此引发了特洛伊战争。值得一提的是，“诱拐”恐是委婉说辞而已。诱拐听上去颇为浪漫和优雅，但海伦所遭遇的实际上是“霸王硬上弓”，更丑恶的说法就是强奸。

古希腊画家宙克西斯（Zeuxis，活跃于公元前5世纪）尝试过要描绘海伦那无与伦比的美，但遗憾的是，我们找不到他的创作成果。海伦遭到诱拐者（或强暴者）欺凌的场景经常出现在雅典城邦时代的“红绘”瓶罐上，但是没有哪一幅画面清晰展现了海伦的脸，至多只是像简笔漫画而已。虽然如此，海伦那倾国倾城的极致之美——甚至能引起战争，这样一个概念在欧洲文明中却是个司空见惯的主题。

次页左图：《特洛伊的海伦》（1868），法国雕塑家让·巴普蒂斯特·克雷辛格（Jean Baptiste Clesinger）创作的胸像。

次页右图：昆丁·马西斯的橡木板上油画《丑公爵夫人》（约1513）。马西斯这幅令人惊诧的画作或许可以跟达·芬奇关于“滑稽怪头”的素描研究联系起来。现在有人推断，画中人物的原型得了“帕杰特病”，致使骨骼畸形变异。不可思议的是，伦敦国立美术馆商店出售的明信片中，这位丑公爵夫人常位居销量排行榜前列。

那张引起后人诗文中千万次征引吟咏的脸

海伦这一样貌未知的人物所引发的灵感，让不少描写美貌的伟大诗行得以出现，其中之一就出自克里斯托弗·马洛（Christopher Marlowe）的剧作《浮士德博士的悲剧》（*The Tragicall History of Doctor Faustus*，

1592）。在剧中，不幸的主人公与魔鬼订下了协议，于是纵情享用他的权益所带来的丰富成果。以自己未来长期的灵魂支配权作为交换，浮士德不明智地接受了一份相对短期的利益，也即在24年间，他可以获得世上所有的知识与人间乐趣。他的愿望之一就是能亲睹那位史上最美妇人的芳容，于是，魔鬼的代理者梅菲斯托费勒斯安排海伦出场了。“就是这张面庞，催动了千帆竞渡去厮杀？”浮士德如此发问，指的当然就是特洛伊战争中百舸争流的海上壮举。或许，那惊鸿一瞥的终极美貌让浮士德感到失望。艾萨克·阿西莫夫（Isaac Asimov）从马洛的诗句中得到启迪，生造出“海伦毫”（millihelen）一词，用来作为美的计量单位。要催动一艘战船，起码要有一“海伦毫”的美才够。

昆丁·马西斯作于1513年的一幅肖像，画的是贵妇“奥地利的玛格丽特”。此画名为《丑怪老妇》（*An Old Woman*），收藏于伦敦的国立美术馆。令人惊异的是，这位老妇非常受欢迎，印有这幅画的明信片是美术馆纪念品店中最畅销的单品之一。这就论证了一个奇妙的、令人费解的定律：丑并不一定是令人厌憎或排斥的。实际情形与我们可能设想的恰好相反，这位怪异畸形的丑妇——通常被称为“丑公爵夫人”，同时也是《爱丽丝漫游奇境记》中泰尼尔（Tenniel）那恐怖插图的灵感来源——在造访特拉法格广场的观光客当中很受追捧，是参观人数最多的画作之一。

对欧洲北方文艺复兴的画家而言，疾病有着一种残忍的魔力。马西斯的原型模特就患有“畸形性骨炎”，此病后被命名为“帕杰特病”。这是一种新陈代谢方面的异常畸变，会让骨骼变形。一般来说，这种病只会影响到下半身肢体，但画中的这位模特连面部都表现出了这种症状。这种情况下，畸变增大的上颌就导致人中部位扩展放大，滑稽而且丑得吓人，同时鼻子好像被挤压萎缩成一团。她的前额与下巴也膨胀变形了，而且，大概谁都能注意或猜想到，她的锁骨与胳膊肯定也发生了畸变。

曾经有人猜测或许是因为马西斯跟达·芬奇认识，接触到后者的那些畸形人像速写，才受到启发，画出这幅不可思议的、虚构的丑怪肖像，但现在普遍认为此画是对自然真实的忠实描摹——虽说这样的真实让人倍感不幸。X射线分析表明，此画创作过程中，马西斯进行过反复细致的修改。马西斯与达·芬奇相识，而且交换过草稿绘图，但如果说此画是他以达·芬奇的某张手稿为蓝本略加改造而完成，就不太可能在绘制过程中反复修改。

不加修饰，真实呈现

另外一幅著名肖像中，病理表征也是一个重要元素。那就是曾自任为英国护国公的奥利弗·克伦威尔（Oliver Cromwell）的画像。疣是一种表面粗糙的小脓包肿块，由人类乳头瘤病毒（HPV）引起。长了疣子，当然影响美观，而克伦威尔就受到这种皮肤病的困扰。克伦威尔对个人自我形象的塑造和传达中，一个重要的因素就是清教徒式的真实与诚恳，而不是骑士风度式的虚荣美化。实际上，骑士风度式的虚饰正是他一直致力于要从自己的行为规范选项中剔除的东西——哪怕是对于疣子的掩饰也不可接

右页图：刘易斯·卡罗尔（Lewis Carroll）的《爱丽丝漫游奇境记》（1865）中的一个特色人物“公爵夫人”便是以马西斯的那幅画为灵感来源，而这样的一个人物形象也成为很多读者童年时代梦魇王国的主角。卡罗尔在他的故事中生造了“丑化”（uglification）一词。

次页左图：人类乳头瘤病毒（HPV）细胞，丑陋疣包的致病因。

次页右图：彼得·莱利的布上油画《奥利弗·克伦威尔像》（约1660）。据说这位护国公拒绝在画像中被美化修饰，而是要求莱利画出“所有疤痕瑕疵、痘疹、疣包和其他一切”，因此英文中有了这样一种表述“疣包及其他全部”，意为不回避缺陷，一切如实表现。也有人认为这幅肖像画完成于克伦威尔死后。

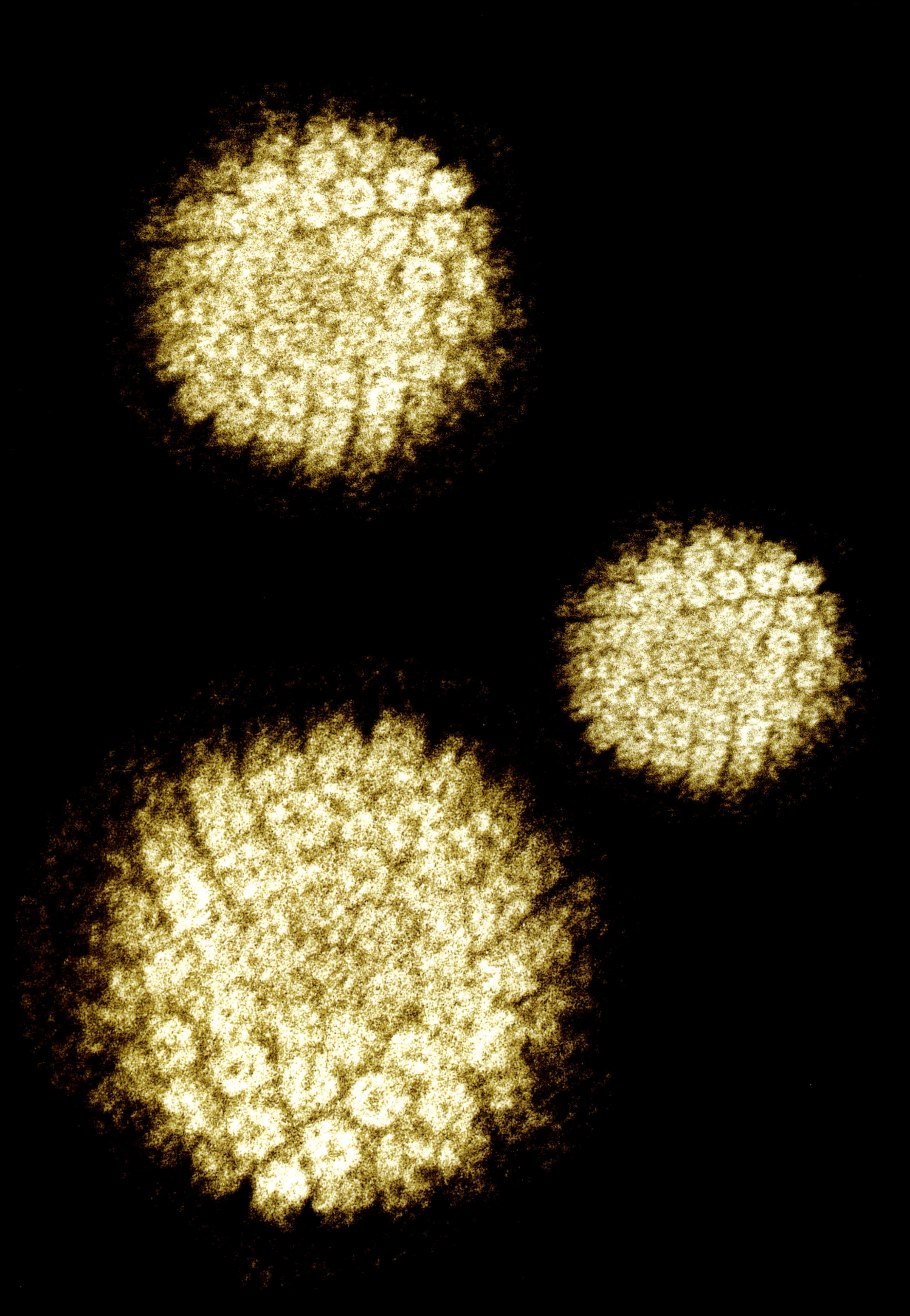

上左到上右图： 日常生活中的丑物。巴黎圣母院中的怪兽滴水嘴。狮子、狗、蛇、鹰，不时还有结合不同动物形态虚构出的吐火怪兽，这些滴水嘴造型都显得奇异骇人。这些雕刻自然会让人联想到中世纪，但在古希腊和爵士乐时代的曼哈顿都曾出现。创作那些凶暴恐怖的形态的初衷是驱赶邪魔恶鬼。不过，“克莱尔沃的圣贝尔纳”（St. Bernard of Clairvaux）对这些东西不以为然，称其为“脏污邪恶的猴子”，弄出这些怪物是瞎胡闹的邪教偶像崇拜愚行。1724年的伦敦建筑法案生效之后，英国建筑上都要强制安装落水管，怪兽滴水嘴也就成为多余的，因此从英国消失了。

受。尽管肉赘确实是丑，有损于外在形象。

虽然克伦威尔的立场是如此，画家彼得·莱利爵士（Peter Lely，其人在复辟之后又成为查理二世宫廷常任首席画师）却有着他的职业病，那就是倾向于去谄媚拍马。所以应邀给克伦威尔画像时，他做出一个习惯性选择，回避和遮掩了克伦威尔脸上明显的HPV症状。这就导致了一席简短但很著名的对话的产生。不过，那是一百多年之后才流传开来的。白金汉公爵与他的御用建筑师威廉·温德（William Winde）谈话，被霍勒斯·沃波尔（Horace Walpole）在一旁偶然听到了，而沃波尔的一大人生乐趣就是以传播小道消息为己任，于是在《英国绘画轶事录》（*Anecdotes of Painting in England*，1764）中记下了这段插曲。根据这份记录，我们了解到克伦威尔是这样指示莱利的：“莱利先生，我要求你运用所有技巧，把肖像画得跟我完全一样。你根本不需要为了取悦于我而加以美化，而是要画出所有疤痕瑕疵、痘疹、疣包和其他一切，就像你看到我的样子。否则的话，我连半毛钱都不会付给你。”六十年之后，马萨诸塞州一位名叫阿尔斐俄斯·加里（Alpheus Cary）的先生将沃波尔的这一小道消息编辑简化了一下，说克伦威尔坚持在画像中呈现“疣包及其他全部”。疣包于是成为某种用法中的同义指代，相当于是说主动宣布和承认丑陋与缺陷。美，或许是某种事实真相。丑，也同样如此。

右上图：奥斯卡·格劳伯纳（Oscar Graubner）摄于1935年的照片。美国摄影记者玛格丽特·伯克-怀特（Margaret Bourke-White）蹲伏在纽约克莱斯勒大厦顶部的一个鹰头状滴水嘴上，正在调焦取景。

次页图：邪恶法师伏地魔，哈利·波特的敌人。他有着骷髅般的形貌，红眼睛、蛇一样的鼻孔、腐坏的牙齿和一颗灰白的光头。

怪兽滴水嘴：谋求一种新理论

我们发现滑稽奇异的东西令人着迷，而不仅仅是令人不安。人们对怪兽形滴水嘴（gargoyle）的接受以及欣赏喜爱无疑就证明了丑也可以是多么地赏心悦目。怪兽滴水嘴是一种形状怪异的装饰性雕刻，大多是模仿人形，被安置于中世纪的建筑上，通常——虽然并非总是如此——用于遮挡掩饰屋宇的雨水出水口。最著名的怪兽滴水嘴实例可见于巴黎圣母院的“奇梦拱廊”（Galerie des Chimères，或“怪兽廊”）。现代风格的同类出品在曼哈顿的克莱斯勒大厦上也有运用，不过更多是为了装饰而不是实用目的。英文中的gargoyle出自法语词gargouille，意为喉咙。不过，这个法语词也指传说中生活在鲁昂附近塞纳河中的可怕恶龙。

因为这些滴水嘴在建筑上有着具体的用途，所以怪兽口中还是会冒水。考虑到它们的双重功能——不仅构成一种装饰性的建筑特征，还能把落到宗教圣堂屋顶上的雨水排出去，我们这里就有了一个有趣的实例，将恣意想象的丑恶外形和实用的功能有意地结合为一体。1724年通过的《伦敦建筑法案》强制规定要安装落水管，也就有效地终结了怪兽滴水嘴在英国的存在历史。有趣的是，正当“丑”这个词在试探着要进入英语语言的时候——当时的工业革命即将把丑变成实在，变成引起人们关注和争论的主题——人们曾经最熟悉的怪异滑稽之丑的那种表现形式——怪兽滴水嘴在英国的存在却被以立法的手段禁绝了。

对丑怪可怕之物的喜好

装饰滴水嘴的怪兽挺讨人喜欢，而中世纪人在精神心态上或许更擅于把丑当成日常经验来面对。对于工业时代或后工业时代的人来说，则会很自然地把丑与邪恶和恐惧关联起来。在《爱之抚慰箴言选辑》（*Choix de maxims consolantes sur l'amour*，1846）中，波德莱尔（Baudelaire）解释道："面对丑之时的愉悦来自一种神秘的情绪和感受，那就是对未知之物的渴望，还有对丑怪可怕之物的喜好。"因此，《哈利·波特》系列电影中的伏地魔长着腐坏的牙齿，脸上原本应该是鼻孔的地方却只有阴险恶毒的两道小缝隙，大光头显得咄咄逼人、凶神恶煞，而肤色则是死神般的一片灰白。

如今，一些美国校园里已经禁止使用"美人"、"美女"之类的词汇，因为其中暗含着一种肤浅的优越感，所以丑多多少少得到了平反，大概正在局部地收复领地。如果说收复领地这个词不准确的话，那至少可以说丑的理念正受到有意识的重新检视。有人指出，这是无事生非、自寻烦恼，去判定谁面目可憎，谁不是粗暴恶人之类的，这实际上是最根本的歧视偏见之一。也许确实如此吧，所以在旧金山和华盛顿这两座城市，已经颁布了民法条例，禁止在职场环境的聘用提升等竞争环节上因所谓审美偏向而产生外貌歧视。

在1994年的《美国经济评论》（*American Economic Review*）上，发表过一篇题为《美与劳动力市场》（*Beauty and the Labor Market*）的文章。文章论证提出，职场上存在着所谓的"美貌溢价"，也即与那些得到自然先天优待的人相比，长得丑的雇员在同工种上的收入要少10%。不过，令人沮丧的是，职场上对美和丑的定义与划分不是那么赤裸裸的，人力资源部门无法据以采取反制措施来避免歧视。一位名叫安东尼·西诺特（Anthony Synnott）的加拿大社会学家说："去谈论丑，当然有违政治正确的原则。我们并没有任何正当理由去认为漂亮的人实际上就是好的、优秀的，而丑人就是坏的、有害的，但我们却总是这样做。"

矮子没理由活着

对于外貌难看的人，我们有时表现出明显抵触的负面回应，或许可以对此做出达尔文式的解释。达尔文进化论意义上的解释经常会包含性的因素，所以我们这里要做的也不免如此。长相漂亮的孩子从小表现出较好的外貌遗传基因，如果他们长成了很有魅力的成人，可能会发现自己更容易与他人建立良好的人际关系，因为他们所面对的人更倾向于对其做出赞同的、有利的回馈。

如果说某一种美只是浅薄的、关于皮肤表征呈现状态的问题，那也没错，但个人之美的影响力却会带来深广的社交（而且确实也作用于职场），而这种关联效应就不是肤浅的了。兰迪·纽曼（Randy Newman）的歌中有过一句有趣的歌词："矮子没理由活着。"按照那个美貌占尽优势的职场理论，矮子找到好工作的机率当然就很低。物种进化的力量会偏

上图：1952年新闻照片。总统夫人玛米·艾森豪威尔（Mamie Eisenhower）与芙乐·考尔斯夫人在华尔道夫-阿斯托里亚酒店一起推广一个募捐筹款活动。考尔斯身为记者与社交名媛，一生有过多次婚姻，也是萨尔瓦多·达利的传记作者，这位超现实大家曾对考尔斯说过："性和色情肯定一直是丑陋的。"

爱选择某种特定的生理样式或体态，这是达尔文的论点，或许可以在就业市场上得到印证。

性选择也许会推进普及我们认为漂亮的那种生理形态。如果这是正确的方向，那么，面目可憎之人的持续存在就是一种挑战，是一种扰动不安的威胁，影响到人类进化的历程。

丑是在对抗进化的强制性逻辑，确实如此吗？而进化论那微妙的潜在论辩理据就是人类一直在向着完美逐渐演化迈进？不过，听听那些超现实主义者怎么说的，他们声称能够进入本能的下意识领域，掌握人类原始行为动机的来源，但他们却经常发现性行为是丑陋恶心的。这种说法让我们困扰，而这种困扰向我们透露了很多启示，不是吗？萨尔瓦多·达利（Salvador Dalí）对他的传记作者芙乐·考尔斯（Fleur Cowles）说过："性和色情肯定一直是丑陋的。"（达利也许还不明白，淫秽色情与本能性爱之间的差异就在于灯光照明的不同。）1957年，法国人乔治·巴塔耶（Georges Bataille）写道："没人能否认性行为的丑……那种器官交合的丑让我们陷入深深的不安之中。"怎么说呢，人最大限度地压制了性行为。

左图：伦敦的丑模特经纪公司成立于1969年，由一帮广告界经理人与一位"直率泼辣、异样别致的金发女郎"共同创建。他们觉得美已经乏味，坚持在自己的出版物上启用那种"面庞富于个性特点"的模特，这些模特有的鼻歪嘴扭、脸部变形，有的耳朵像花椰菜。当然，这家公司倒闭了。

长相平平、美丑参半、丑不堪言

美和丑也无法说得太绝对，法国人——他们因各种哲学化的复杂深刻理念而闻名——曾经尝试提出了一个精彩的妥协包容的概念，那就是jolie-laide，指的是同一个女人，她同时可说是漂亮的又可说是难看的。这个简单的同时又是引人入胜的悖论，表明了我们在审美感知和情绪方面的微妙平衡。就像淫秽色情与本能性爱之间的区分仅仅体现于细微的灯光照明差异，所以丑与美的界线也未必很清晰，丑也可以很诱人。英语当中，描绘一个丑女倾向于用plain（平常、一般）这个词。这一用词的选择透露出清教徒的文化传承，同时还有一种礼貌友好的不情愿与回避意愿，不想用其他难听的词来引起冒犯和伤害。但这个概念显然远不如法语中的jolie-laide那样微妙。对于一个相貌平平的英国妇女（plain Jane）来说，没有什么可能或余地来求得审美上的补偿或救赎。而相比之下，法语中的"美丑参半、既丑又美"，则表示还有机会，因为这个法国女人是存在于一个由系列价值判断构成的大尺度之内，在此范围内，引人喜爱或反感厌恶都还是一个模糊的概念。

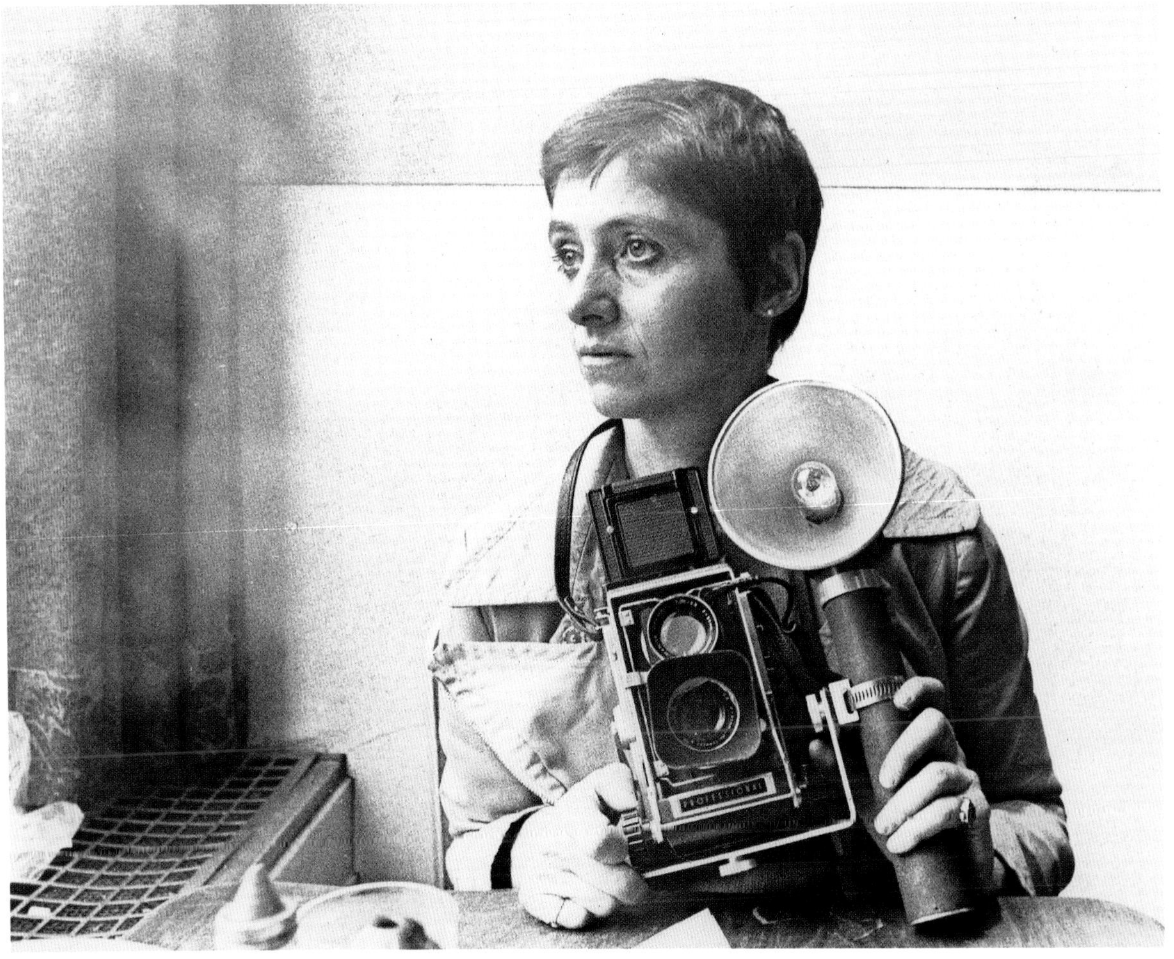

上图：摄影师戴安·阿勃丝在纽约第41与42街之间第六大道上的一间自助餐馆里。这是阿勃丝难得一见的个人留影，由罗兹·凯利（Roz Kelly）摄于约1968年。阿勃丝的镜头一直坚持对准残障畸形人和贫困不幸者的世界，这是否是促成她自杀倾向的一个原因？

戴安·阿勃丝（Diane Arbus）和理查德·阿维顿（Richard Avedon）的黑白摄影作品呈现出一个极为引人瞩目的灰度渐变色卡，让我们看到人类在苦难与欢乐、丑与美，以及其他任何我们希望提及的表象存在形式和情绪状态方面的两极对比、巨大差异的可能性。这两人都是在1923年生于纽约。一生以美好人群为对象拍摄了无数优雅的照片之后，阿维顿于2004年在纽约辞世。而阿勃丝更多地聚焦于那些丑陋的、面目可憎的摄影对象。1971年，她自杀身亡（服药、割腕）。

阿勃丝一直面对一个丑陋怪异的下层世界，并且用忠实的镜头来记录这灰暗阴郁的一切，这种经历是否是她沮丧忧郁的心境和自杀倾向的主要推手？即使说她是自愿的，她对于畸形残障和令人怵目惊心的凄凉怪异场景的关注倾向大概也可说是强迫症的一种。而阿维顿的一辈子则是跟时尚杂志模特和摇滚明星混在一起，这是否让他拥有了一种更赏心悦目的生活？在阿维顿拍摄的米克·贾格尔（Mick Jagger）和鲍勃·迪伦（Bob Dylan）优雅的肖像与阿勃丝那骇人的《犹太巨人及其父母在布朗克斯家中》（*Jewish Giant at Home with his Parents in the Bronx*，1970）之间，是否真的有着本质差异？如果有的话，那也不是科学或艺术所能明察洞见的。

4 天堂与地狱 或 整洁、虔敬与其对立面

左页图：《比尔与琼》（*Bill & Joan*），艾伦·金斯堡摄于东德克萨斯（1947）。威廉·巴勒斯（William Burroughs）被苏族（Sioux）邪神恶魂所困扰，认为他1951年意外射杀（醉酒状态下玩威廉·泰尔射苹果游戏）妻子琼，导致垮掉派的这位女性领军人物死亡，是因为当时他的手和潜意识都受到了邪魔的控制。在小说《异类》（*Queer*，1985）的序言中，他写道："我受到那个骇人结论的胁迫，说我不会成为作家，除非琼死掉……琼的死让我直接面对灵魂中的那个进犯者、那个丑恶邪神。它操控着我，让我一生都在苦苦挣扎。在这种苦痛的胁迫下，我别无选择，只有靠写作来解救自己。"

焦灼痛苦的精神图景是怎样的？
工业必然是丑陋的吗？
是要一个自然的反乌托邦，还是要一个人工的天堂乐园？

天堂是美丽的吗？而地狱和魔鬼的领地则是丑恶的？

整洁与虔敬之间有着概念上的关联，美与善之间、丑与恶之间亦是如此，而这些概念关联在基督教诞生之前就已存在，甚至更为久远。公元前3世纪，新柏拉图派哲学家普罗泰诺思（Plotinus）被认作是丑恶邪神的化身（就像威廉·巴勒斯对苏族邪神恶魂的看法那样）。古希腊人对畸形怪物和罪孽错误非常重视，认为正是这些因素才产生了丑。对他们而言，美自然地有着一种道德的特质和光辉，善的灵魂只会寓居于美的躯体。而且，在他们的信念中，那相反的推论也同样可靠有效。

将神圣的美德善行与美关联，这是西方文化中的基本理念。《创世记》的第六天，上帝检视万物，看到他所造的一切都甚好，所以后一天他才安心休息。旧约《传道书》第三章第十一节说道："神把万物都造得至美。"在那个阶段，坏或者恶，根本不在神的计划之列。自然，在人类堕落之前，邪恶与丑在地上是不存在的。正因如此，当地狱被造出来时，就需要与伊甸园或天堂那舒心怡人的景观截然迥异。

像罪恶那样丑陋

在邪恶与丑陋这两个概念之间，人们自然而然地就会设想出一种关联。类似地，在我们的想象中，正义与美也有着这样一种对称关系，真与美也被结合在一起。肯定是在此观念生根之后很久，济慈（Keats）才说出了他那著名的论述，强调真与美的对等。中世纪神学家主张，只有在连圣人的丑也一并忠实再现的前提下，一幅圣像才可能是美的。

对地狱的构想充分透露出人类的焦虑忧惧。观察一下文艺复兴时期的祭坛画，尤其是在以新教徒为主体的、寒冷的欧洲北方，那些画家对地狱题材明显比罗马天主教主导的温暖的南方国度的画家更为关注，经常在画面中描绘亡魂们遭到永恒的诅咒，在夸张的戏剧化惨境中挣扎煎熬。但除了偶尔有些章节对地狱景观的模式提出一种方向性的笼统指涉之外，比如说在那个地方"虫是不死的、火是不灭的"，《圣经》中对地狱并无详细的描述。或许，这是因为在18世纪和19世纪以前，人们在地球上并未看到过真正令人毛骨悚然的地狱般的景象。

右页图：连环女杀手米拉·辛德雷（Myra Hindley）在1966年接受审判。她与搭档伊恩·布雷迪（Ian Brady）一起，制造了臭名昭著的"沼泽谋杀案"。邪恶有明确的外在表现吗？很多年来，这是犯罪心理学家的一个信念。

次页图：约瑟夫·贝克（Joseph Baker）的石版画《女巫1号》（*The Witch no.1*，1892）。"塞勒姆女巫审判"发生于1692到1693年，这次宗教审判是群体性歇斯底里（癔症）发作的一个经典实例：教区会众认为所有的不幸事件都是撒旦在作祟。这种看法就很粗放地等同于一个理念，也即美就是善。传统上，艺术作品中的女巫都被呈现为丑陋险恶、富于攻击性的一种生命形态。

左页和次页图：古斯塔夫·多雷为但丁的《神曲》（1308—1321）所作的插图。多雷为欧洲文学名著创作精彩插图始于1861年，选题中就包括但丁的《炼狱篇》。他那无与伦比的地狱场景表现出令人窒息的黑暗和恐怖，那些令人惊悚不安的画面让我们对19世纪中叶的可怕想象有了深刻的理解。多雷对维多利亚时代脏污拥塞的城市面貌的观察与他的地狱景象之间，存在着一种双向关系：两者互补互动，彼此刺激。

《圣经》上对地狱的描述通常都倾向于以抽象的苦难或告诫作为焦点，不过火倒确实是一个反复出现的主题。于是就有了这些画面：外围一片黑暗，硫磺石（brimstone，当时通用的口语词，取代了sulphur，即硫磺，见于詹姆士国王钦定本《创世记》）的火焰与烟雾腾起，风助火势，炉火炽烈燃烧，还有永无休止的惩罚和被扔进深渊中、领受残酷折磨的罪人。在这里，你或许会看到受诅咒者被烟雾包围，痛哭忏悔，因苦刑而龇牙咧嘴。整个地狱一片狼藉，伴随着哀嚎哭喊，那些受责罚者绝无可能得到宽恕和片刻的安宁。被送进地狱的缘由，首先来说，就是人类罪孽与错误行径的一份目录大全，同时也可充当丑恶行为的一览表。这份清单包括了邪神崇拜、偷盗、诈骗、异端邪说、叛教分裂、谎言、魔法、造谣、有违道义的可憎言行、通奸、贪婪、污秽不洁、嫉妒、派系党争和猜忌、怯懦、下流纵欲、仇恨、凶杀、卖淫买春、酗酒、巫术、暴怒、放荡淫秽、背弃信仰、同性恋以及野心妄念。

关于地狱场景的具体特征和细节表象，人们有着长期积累起来的智慧见解、恐惧想象和老套的习惯性认知，这些都被囊括进了《神曲》（*Divine Comedy*）的《炼狱篇》。在《致维吉尔的信札》（*Lettere virgiliane*，1758）中，意大利耶稣会教士萨弗里奥·贝蒂尼里（Saverio Bettinelli）指斥了但丁式炼狱所呈现出的丑恶，因为那些诗行翻来覆去地描述和渲染深渊、冒泡的炽热岩浆、永不熄灭的惩罚之火等诸如此类的恐怖意象。在但丁（Dante）的第九重即最深一重的地狱中，有一片凝冻的湖泊，里面是血和罪恶。1867年，法国版画家古斯塔夫·多雷（Gustave Doré）为但丁的《神曲》创作插图。除了原作中中世纪末期风格的对于地狱惨象的汇总，他还将自己在19世纪的巴黎和伦敦所亲身体验到的城市和工业社会的惨状作为附加元素，一并植入他的地狱图解。

老波希的大手笔

关于地狱景观及其所包含的丑恶，我们对其细节的具体感知多是源自艺术，16世纪欧洲北方的两位画家对此有着突出的贡献。丑怪畸形和疾病残障对他们有着相似的魔幻魅力与强烈诱惑。论及地狱幻景，没有什么堪与希罗尼穆斯·波希（Hieronymus Bosch）和马蒂斯·格吕内瓦尔德（Matthias Grünewald，事实上，其原姓是Gotthardt，后来传开的Grünewald，意即“绿林”，是1675年有人虚构出来的，大概是为了好听点吧）那奇异空想的作品图像相提并论。两人对于既有的地狱素材资源加以大胆出位的应用和发挥，并加入了自己诡谲壮丽、雄心勃勃的虚构创造。

波希的《尘世乐园》（*The Garden of Earthly Delights*）现藏于马德里的普拉多美术馆，创作于16世纪刚揭开帷幕的那几年。波希是保守的“圣母团契”成员，在学者们争论他画作中空想画面的确切含义时，他们有理由认为他创作的这些幻境般的图景，是为了充当宗教改革宣言。这些画面直指淫欲放纵所导致的堕落罪愆。在波希的时代，性被视为丑恶的。

《尘世乐园》三联画中的右侧画幅表现的是地狱。看上去整座城市

都陷于火海或烟雾之中，人们在经受拷打折磨。有些人在排泄和呕吐，样子极其污秽恶心。当我们看到一个人的屁股上有一张乐谱，或者看到另一个人以上十字架受刑的姿态被固定在竖琴上，那是在指出色欲是“肉体的淫秽音乐”。画面中还充满诡异变体、身体残肢和丑恶畸形，其中著名的“树形人”由一只破鸡蛋构成，那个长有鸟头的怪物则应该是“地狱王子”——我们假设如此。人们可以对《尘世乐园》做出多角度多层次的解读，但此画的寓意却并非含糊不清，它想表达的是，地狱是现实的。画中包含了我们在尘世间看到的所有丑恶、恐怖和畸形骇怪的事物。

右页图：波希的板上油画《尘世乐园》（约1490—1510）。三联画的右侧画板展示的是地狱。关于波希此画的素材来源或意图，我们一无所知，但也许可以认为画中对残损人体和怪诞变形的可怕描绘是一种讽喻，寓意世俗诱惑及其惩罚性后果：暗夜无边，天寒地冻，美色遁迹，苦刑不绝，雷霆震怒。

格吕内瓦尔德创作了伊森海姆祭坛画，其灵感源于——尽管有人说是疱疹——麦角中毒。这种真菌会感染小麦和黑麦，也会传染到人类身上，导致幻觉妄想、肠胃炎和干性坏疽病。在中世纪，这是一种常见病，虽然说不上是流行病。染病者感觉自己仿佛是在被活埋，而且更可怕的是，会感觉到手指、脚趾和双手似乎就要脱落下来。由此带来的一个结果便不是多么地出人意料：麦角中毒引发出一种精神错乱的癫狂症。

1512年，格吕内瓦尔德接受安东尼隐休会（Antonite）僧侣的约请创作伊森海姆祭坛画，于1516年完成。圣安东尼（St.Anthony，251—357）是古比奥的主保圣人，也是基督教苦行修道制度的创立者。他一生大部分时间都选择住在山洞中（位于现今埃及代尔阿迈蒙附近），在那里面壁抵御心中永不安宁的无数魔鬼。他用苦行禁欲来对抗灵魂中的恶鬼。这种苦修的原则给了很多画家以灵感，让他们描绘出圣安东尼所遭受的种种苦难纠缠，并努力营造渲染恐怖情境，唯恐自己的想象力不如同仁的惊悚出彩，连鲍希也处理过这一主题。这就是麦角中毒被称为“圣安东尼的邪火”的由来。正因如此，染上皮肤病的可怜人经常向圣安东尼吁告求助。他们要接近这位圣人，向其求告，通行的仪式就是将长有“圣安东尼之草”（l’erba di San Antonio）的花盆隆重庄严地请出来，安置于阳光之下。

约翰·拉斯金的工业地狱，或致命的新事物

歪打正着——更准确地说是完全无意的，多雷所作的但丁《炼狱篇》插图恰好成了19世纪卓著的艺术与社会评论家约翰·拉斯金（John Ruskin）的心理写照。一种如便秘般封闭呆滞的宗教虔敬信念，以及他那甚至更封闭停滞、更顽固的性别身份观念，让拉斯金一直处于一种极端心态中。以圣经体文字的夸饰和抑扬顿挫的节奏韵律，他成为维多利亚时代声音最响亮的美的拥戴者。同时，面对工业文明所带来的新型丑陋，他也是最无情的批评者。在他的精神领地上，地狱从没有远离。

在英国，那种着眼于劝服引导的淳朴的乡村神话*与工业化进步这一理念水火不容，而亨利·福特（Henry Ford）所在的美国则不存在这个矛盾——这种水土差异是多么地奇怪。诚然，福特一边改进和完善工业资本主义的规模化批量生产，一边仍旧倡行清教徒的价值观，他不认为这两者之间会有任何冲突。但在同时期的英国，取得成功的工业制造商却想方设法以最快捷的途径成为乡村豪绅。对这一社会现象和进程，马丁·维

* 俏皮说法，即言基督教文化和《圣经》传说，因《圣经》中的故事多为神话，劝人向善，而且肇始于乡村背景，故有此说。

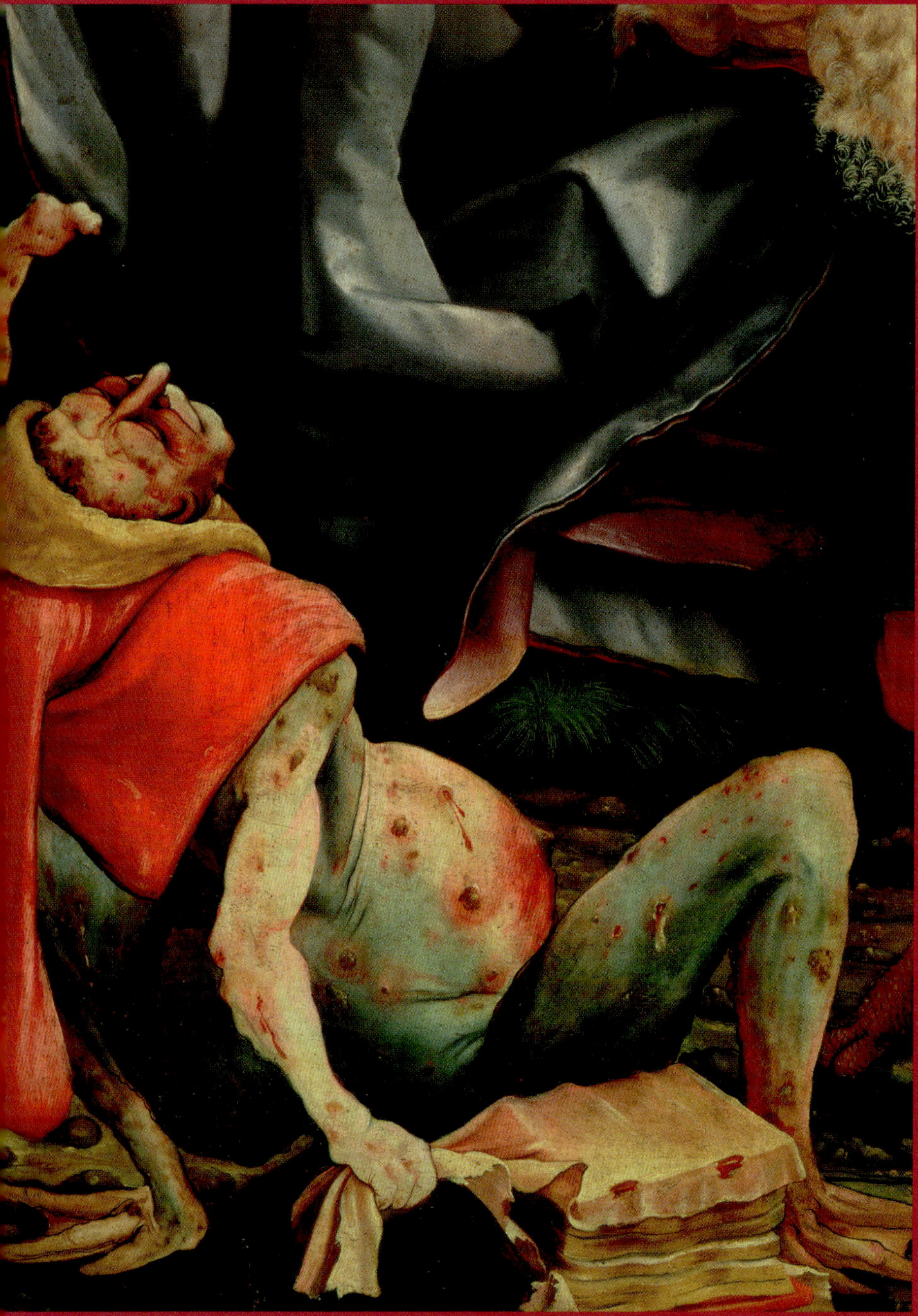 

上左和上右图：格吕内瓦尔德的伊森海姆祭坛画（1516）。这幅杰作是有关皮肤病专题的出色研究。现代医药出现之前，麦芽中毒症患者一生都没有治愈和解脱的希望。这种病带来的身心痛苦和可怕体征在此被呈现为一种视觉化的布道训喻，让人们远离丑和恶，投奔美与善。

ILLVM OPORTET

内尔（Martin Wiener）在《1850—1980年英国文化与实业精神的衰落》（*English Culture and the Decline of the Industrial Spirit 1850–1980*，1981）中进行了生动充分的描述。

拉斯金轻易将工业化进步与大毁灭的地狱情景关联起来，而这种担忧在另一位伦敦怪客——威廉·布莱克（William Blake）——那里早已预演过。从他位于兰伯斯区“大力神”路（Hercules）的寓所，布莱克可以直接看到“黑衣修道士”（Blackfriars）一带盘踞在泰晤士河两岸的、遐迩闻名的阿尔比恩（大不列颠）面粉厂。这座工厂由塞缪尔·怀亚特（Samuel Wyatt）建造于1786年，设备则采用了博尔顿与瓦特设计的旋转式蒸汽引擎（配有约翰·伦尼发明的齿轮传动机构）。这一当时先进得令人目瞪口呆的加工厂一周可产出6000蒲式耳（约210吨）面粉。不幸的是，这座工厂虽是工业进步的一个象征，却也同时让兰伯斯沦为丑陋的贫民窟。1792年，工厂毁于一场大火，有人认为应对此负责的是“勒德派”*（Luddite）中的纵火者。

作为伦敦最突出的工业建筑，阿尔比恩面粉厂为布莱克那噩梦般的诗歌意象提供了素材。诗句中呈现出撒旦式的丑恶征服，取代了英国的田园牧歌风情——人们似乎认为确曾有过如此美好的生活图景。在诗人眼中，这时的伦敦已然沦落为“可怕的人造神迹”。如果说美是从丑的一种逃离或解脱，那么丑本身则看似是为商业和工业进步而付出的代价。那座终结于烈焰灰烬、残墙焦土的面粉厂（此后一直未重建），那兀立的黢黑废墟，是对人类虚荣成就的谴责。

铁路，又一可怕的人造神迹

拉斯金逐渐认定每一个现代发明都会衍生出丑恶。铁路摧毁了乡村，诸如登山之类的新式运动则将阿尔卑斯山区变成了跑马场（体育运动也经常被视为野蛮粗鲁的指代符号）。拉斯金曾是个动辄怒发冲冠的托利党保守老顽固，随后转变为乌托邦社会主义的鼓吹者，但他一直认为现代形式的集体主义（与中世纪行会组织机构的运行实践中附带产生必然之美正好截然对立）只会导致规模化、批量化的丑陋。社会主义对美不屑一顾。魔鬼梅菲斯托费勒斯已经诱骗我们陷入一场邪恶的错误的交易，接纳丑就可以换取财富，而在工业蒸汽冒出的“嘶嘶”声背后，魔鬼的得意窃笑几乎毫无掩饰，到处都清晰可闻。

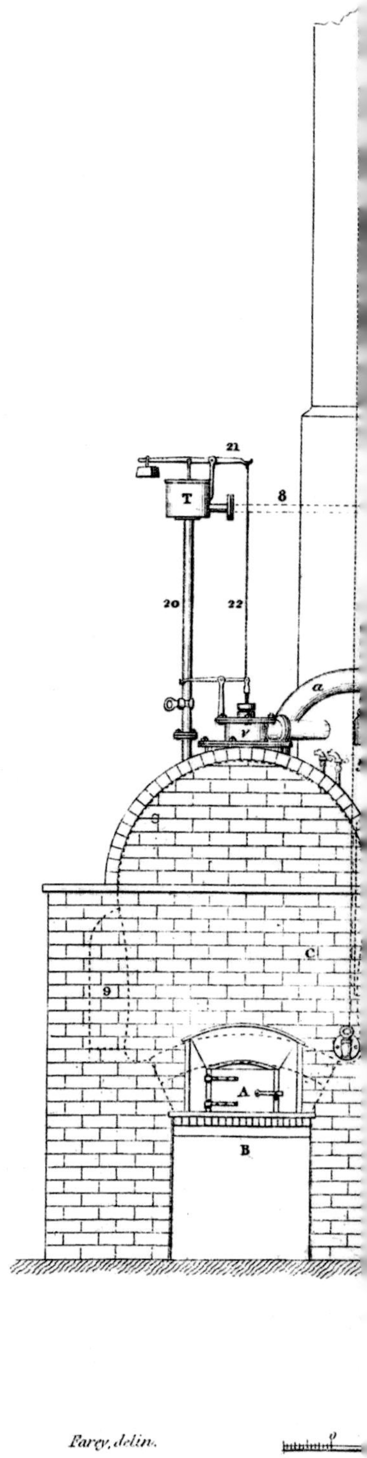

右图：1787年，瓦特拥有专利的回旋式蒸汽引擎的技术图纸。与搭档马修·博尔顿（Matthew Boulton）合作，詹姆斯·瓦特于1774年在伯明翰的苏荷区创建了一个蒸汽引擎制造厂。在一些批评家看来，引擎是恐怖灾祸的象征物。还有些人惊怖地意识到，活塞的往复运动某种程度上就是在暗示男性器官插入女性阴部之后的动态。

* 反对机械化或自动化者，最初的代表为捣毁机器的英国手工业工人。

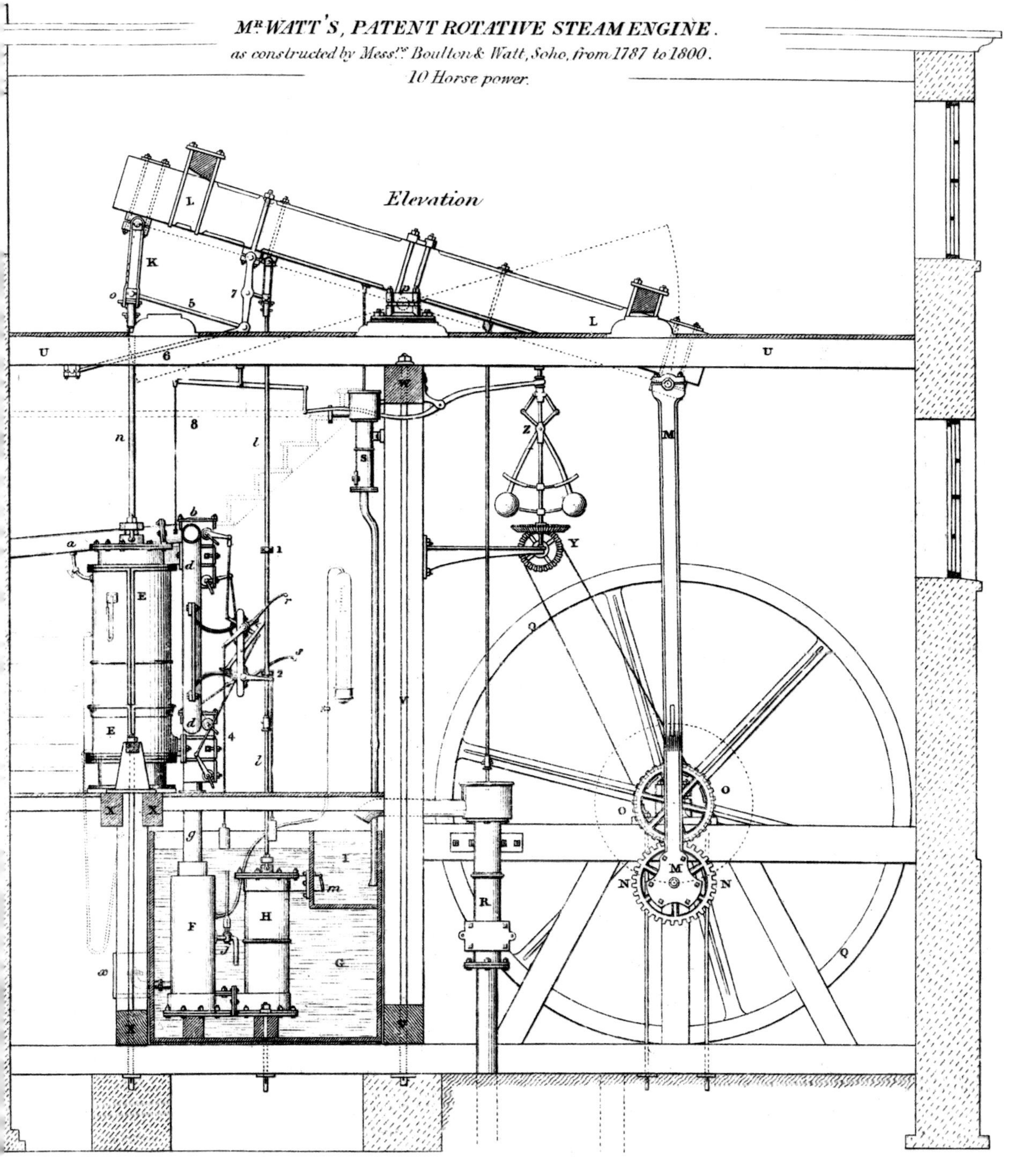
Mr. WATT'S, PATENT ROTATIVE STEAM ENGINE.
as constructed by Messrs. Boulton & Watt, Soho, from 1787 to 1800.
10 Horse power.
Elevation
Scale of Feet for 10 horse power.
Lowry, sc.

A.C.普金（A.C.Pugin）的《伦敦大火》（*Fire in London*，1808）。从布莱克位于兰伯斯区“大力神”路寓所的卧室，就能看到阿尔比恩面粉厂。这一高度机械化甚至自动化的工厂是工业革命技术成就的一个象征，但它却将兰伯斯区变成了一片穷街陋巷。布莱克的诗中“撒旦的黑暗磨坊”便是由此得到灵感。

所以，它是《失乐园》。如果我们按照现在可资利用的弗洛伊德派深层心理分析套路去探讨，那就可以说，19世纪社会生活中美的丧失导致公众健康出现了一些症状，而这些病征类似于性狂躁或者精神病——冷漠、沮丧、愤世嫉俗式的淡漠，以及野蛮行为。这里可以借用奥维达（Ouida）——文风华丽的小说家玛丽亚·路易丝·雷梅（Maria Louise Ramé）的笔名——的生动辞藻："这个钢铁蛮兽的时代的典型产物……就是无赖流氓，成百上千、成千上万的下流粗汉、污秽渣滓从每一座城市与集镇中吐出来。"在波希的图像世界中，性是人类堕落天性的一种丑陋表现。与此类似，在19世纪变态扭曲的世相中，大量增殖涌现的性爱投机者与猎奇者，也是当时丑陋的生存环境必然的产物。

现代世界快速演进，其间伴随着可憎的机器。拉斯金对此大加挞伐，而在他的批评文字中，我们不难读出某些挫败感和或失望的痕迹征象，或许这些指涉还带有性特征和性寓意。蒸汽活塞那令人不安的抽插往复运动看似在模仿交媾，所以受到了拉斯金的贬责驳斥。这位伟大的批评家排斥令人蹙眉的性，也排斥令人反感的城市。

按照这种阐发与演绎的思路，美就距大众更远了。丑陋的缝纫机取代了充满温暖民俗气息的纺车，镶有饰板的、机械化流程生产的家具取代了家中用橡木和亚麻自制的、真材实料的熨衣板及手工打制的温莎扶手椅。在1856年的《学院综述》（*Academy Notes*）中，拉斯金写道，大家都知道霍尔曼·亨特（Holman Hunt）的《良知觉醒》（*The Awakening Conscience*，1853）中的那个男人是一个（这里我们又要重复奥维达用过的词了）无赖流氓，或者是一个性爱投机者与猎奇者，因为他身边的家具那"致命的新"就表明了这一点。那台崭新锃亮的棕色钢琴是丑的，画面传递出的羞辱或攻击意味并不止于此，它还暗示了钢琴的主人也属于那一种类型的社会人，即后来在英文中被说成是"买自己家具的那类人"*。

而现代世界所衍生出的不仅是城市中耽于肉欲者的行淫乐土和丑陋污秽，那同样的工业化成果还给处子般纯净的乡村带来了丑恶的破坏。铁路并未被视为一种安全便捷的交通运输工具，而是被看作一种邪恶堕落的机械装置，将山脉开膛破肚。

拉斯金为罗伯特·索莫威尔（Robert Somervell）的《对在湖区修建铁路的抗议书》（*A Protest Against the Extension of the Railways in the Lake District*，1876）写过序言，该序言是谩骂式抨击修辞艺术的典范。这也是拉斯金对"愚蠢的、成群结队蜂拥而至的现代旅游者"表示痛恨的一个完美例证，同时也证明他做出了一定努力，想让这愚蠢的群氓避免堕落于地狱般的丑恶之中。

计划中的铁路是从温德米尔湖区修建到凯斯威克，拉斯金视此计划为"疯狂贪欲"的无耻表现。他最钟爱的这片田园地貌将沦落为废墟遍野的不毛之地，赫尔维林山地中悠然进食的羊群将流离失所。整个威尔士与坎伯兰郡区将被摧毁殆尽，只剩下一堆残垣断瓦。从这一地区所能获得的一切——那些矿产和板岩片材，仅够用来在英国全境搭建起简陋的小屋顶，而那屋顶下面则是"一个广袤壮观、喧嚣嘈杂的疯人院"。

铁路意味着快速便利的交通，关于旅行对教育的益处，拉斯金说：

*这里是指无品位者，只买丑陋的批量化工业制成品。

上图：罗伯特·哈维尔（Robert Havell）的凹版腐蚀铜版画《矿工》（*The Collier*，1814），其中出现了约翰·布伦金索普（John Blenkinsop）发明的“萨拉曼加”火车头，此火车头于1812年在利兹到米德尔顿之间的铁路上开始运行。这是世界上最早的蒸汽火车图像之一，出自乔治·沃克（George Walker）编撰的《约克郡服饰图录》（*The Costume of Yorkshire*，1814）。与庞大的阿尔比恩面粉厂类似，布伦金索普的齿轨火车头在部分人眼中是巨大的科技成就，而在另一些人看来则是对自然界的入侵，是丑恶的破坏。

次页左图：玛丽亚·路易丝·雷梅（Maria Louise Ramé）肖像，其笔名为奥维达。她的小说包括《斯特拉斯摩尔镇》（*Maria Louise Ramé*，1865）与《飞蛾》（*Moths*，1880）。她那种过分雕砌渲染的风格从未赢得过批评界的赞誉，但她对维多利亚时代上层社会生活的评述无疑是一种假象虚饰，遮掩了中产阶级对于现代生活方式以及当时社会丑陋化趋势的焦虑与忧惧。

次页右图：莫兹莱机器上活塞局部，E.沃姆瑟（E.Wormser）的彩色石印画（1856）。亨利·莫兹莱（Henry Maudslay）是一位制造工程师，为马克·伊萨姆巴德·布鲁内尔（Marc Isambard Brunel）工作。他的很多机器和活塞设计都得以成批生产，而那些图纸也被印刷成设计图集，成套出售。当然，也有单独售卖的设计图。这样做都是为了给相关人群提供技术指导，同时对大众进行科普教育。这些图纸既是一种谴责，也是一种鼓舞启迪：工业创造出人工的美，同时也破坏了天然之美。

2

Machine Maudslay ; Guide de la tige du Piston.

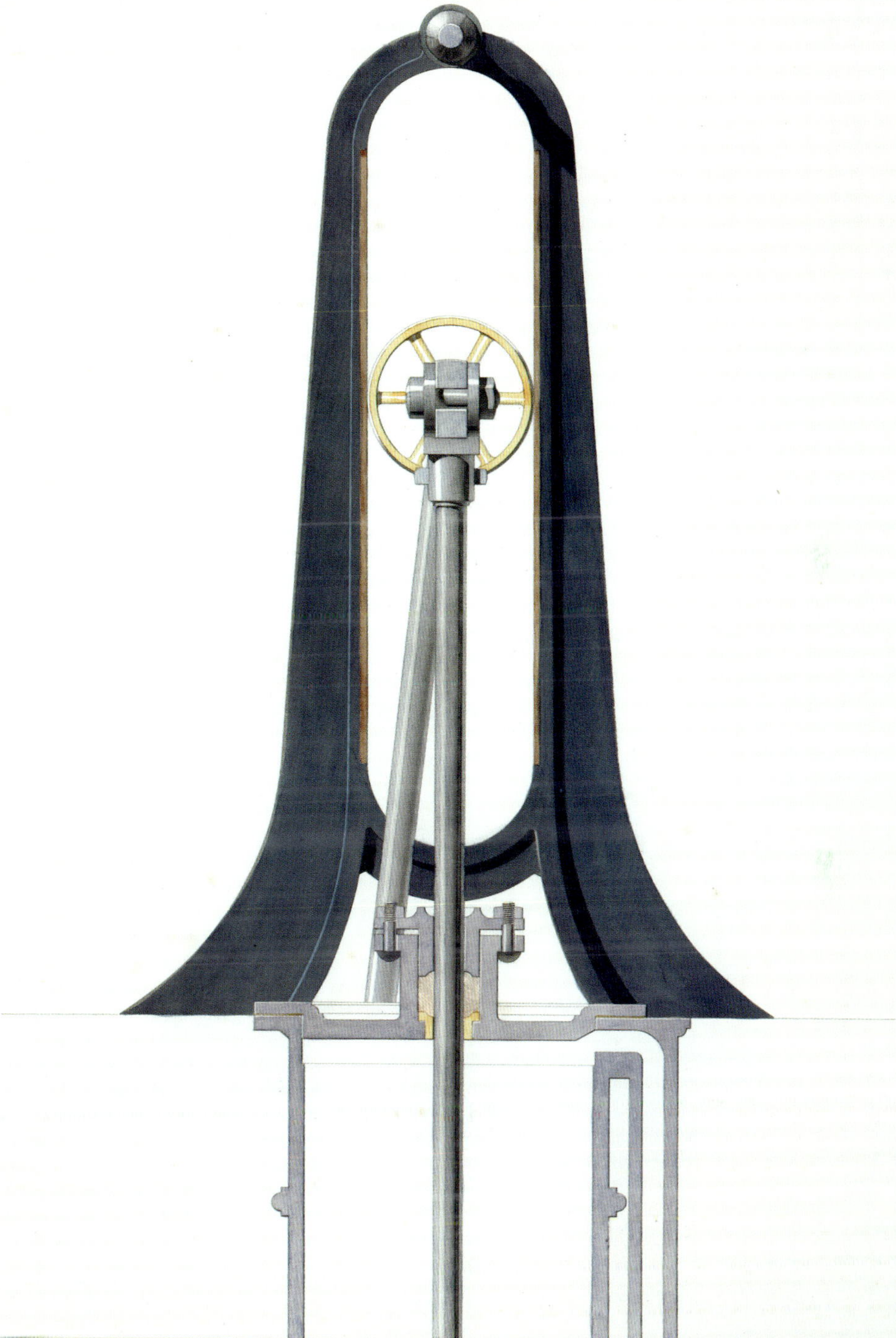

LIBRAIRIE DE L. HACHETTE ET Cie A PARIS. PUBLIÉ PAR ORDRE DE Mr LE MINISTRE DE L'INSTRUCTION PUBLIQUE. GRAVÉ PAR E. WORMSER.

赫尔维林山地与瑟尔米尔（Thirlmere）湖区风景明信片（约1900）。这片湖区是拉斯金钟爱的自然景观，而铁路将侵入此处，这让他大为愕然和不满。他说，是一种疯狂贪欲引致了这一交通规划，而这只会让整个英国变成一座广袤壮观、喧嚣嘈杂的疯人院。

左页图：贝恩德与希拉·贝歇尔的明胶卤化银感光片《水塔》（*Water Towers*，1980）。第一代现代主义者对简单机器的美如痴如醉。以极为高妙的技巧，同时还略带反讽意味，贝歇尔夫妇成功地美化了这些工业基础设施那原本一目了然的丑。

次页图：安德里亚斯·古尔斯基的显色全彩照片《亚特兰大》（*Atlanta*，1996）。古尔斯基是贝歇尔夫妇的学生。他以巨幅图像的形式表达了对社会的评价，同样运用了那种冷静、反讽和超然的表现技法。

"新铁路与此相关的贡献就是，把已经来到凯斯威克的人'铲'进车厢，拉回温德米尔，此外就是把来到温德米尔的一群人再运回凯斯威克。"而且，在这一荒诞无聊的过程中，宁静庄严的格拉斯米尔乡村将会变成垃圾场，而这里的湖滨美景不再，到处是姜汁啤酒瓶。在另一篇文章中，拉斯金把矛头指向了体育运动和娱乐，抨击这两者也同样是丑陋和卑俗下作的。他提出，只要设想一下蒸汽引擎带动的旋转木马在湖区大煞风景，就会明白那是终极的美学灾难，令人极其厌憎。

从德文特湖到杜塞尔多夫

与此同时，在拉斯金的故乡伦敦，天空一片昏暗，浮动着污染带来的乌烟瘴气。平民住在铁皮屋中，空气是有毒的，天空被电线分割撕裂，而电线中的电流则来自无数活塞的往复运动。这些活塞在难以名状但都巨大奇异的汽缸中不断来回、滑入滑出。关于19世纪的浪漫想象，如果提及清洁高效的电能，那就更是对这一历史阶段美好意想的诅咒。梭罗（Thoreau）曾尖刻地、不无遗憾地说道："电毁灭了黑暗，蜡烛则照亮黑暗。"

就像波希笔下的地狱场景一样，过快发展、疾患缠身的城市在扩张的同时也在传播着坏血病。生活成了废物堆放场，而不是安逸享受。理智被抛弃，狂躁席卷而来。利己主义与恐惧畏缩成为主流的人格特征，取代了原先的勇气和慷慨。关于工业化及其丑恶后果的主题持续受到追捧，从贺加斯（Hogarth）到布莱克，再到马克思（Marx）、拉斯金、狄更斯、爱伦·坡（Poe）和左拉（Zola），直至绿党。

现在看来，工业时代的遗迹有一种慑人心魄的美。1959年，贝恩德与希拉·贝歇尔（Bernd and Hilla Becher）开始摄影合作，其最初的目的只是用影像记录德国正在迅速消失的、过往年代的基础设施。及至2007年贝恩德离世，贝歇尔夫妇被誉为当代杰出的概念摄影艺术家，而不仅只是用大画幅相机拍照的工业史"考古学者"。

贝恩德·贝歇尔先是在斯图加特的州立美术学院专修绘画，后进入杜塞尔多夫艺术学院学习印刷排版设计。贝歇尔夫妇多年如一日，忠实地拍摄一个陈旧落寞、锈蚀斑驳的世界，其间的构成物有矿道井口设备、储气罐、谷物升降机和传送带、水塔、筒形粮仓及工厂仓库，而他们的照片经常以方正的网格状来组合呈示。大画幅相机与凸出的前镜头配合所拍成的影像中，空间透视感被削弱，而一种令人追怀的非现实感则被营造出来。二战后经济领域内的"德国奇迹"当然也留下了很多残痕遗迹，而他们就乐在其中，用镜头对这些工业旧迹进行分类与形态学研究，去发现那奇异美妙的图景模式。两人的摄影集《无名构造物：工程技术建筑的类型学表象》（*Anonymous Structures: A Typology of Technical Construction*）于1970年出版，也为他们的学生与追随者带来无尽的灵感启迪。这些人包括托马斯·拉夫（Thomas Ruff）、坎迪妲·霍菲尔（Candida Höfer）和安德里亚斯·古尔斯基（Andreas Gursky），而这最后一位就是这个时代伟大的诗人之一，他的影像作品让工业化的平庸图景流露出诗意。拉斯金视为丑陋的东西，贝歇尔夫妇却在其中发现了美。我们亦然。

5 当自然是丑陋的

或

石柱谷和35号州际公路

是谁写下定论，说自然是美的？
我们为何喜欢观赏风景？
我们为何喜欢玲珑可爱之物？
谁说花是美的？

有什么会比山地风光更美？实际上，有很多。

拉斯金和其他维多利亚时代的多愁善感者忧心忡忡，要从工业化进程的破坏之手中拯救纯净的山地。而山脉本身并非一直是人们所赏心乐见的，并且恰恰相反，山脉曾经代表着一种可怕的自然景观，虽然闷声不响，但包含着多重恐惧。其中的道理很简单：人们对山地的心理反感是基于这种地貌带来的实体性物理障碍。

如果除了双脚或马匹，你再也没有其他可靠的出行方式，那么山脉就不会意味着令人兴奋的自由空间、壮丽的风景、野花与清新的空气，而是令你郁闷窒息的行动限制，同时还有一定程度的附带的危险。一位阿尔卑斯山地讲奥克语的（Occitan）14世纪的农民，当他凝望着花边条带状的蒙米拉伊山脉（Dentelles de Montmirail）时，他或许不会用“丑恶”这个词来形容它，他的反应或许是介于厌憎与恐惧之间。

如果说山脉已经进入我们的词汇中“美好事物”这一类属，那也是相对来说较为切近的一件事。与私立的“公学”、苏格兰民族服装和莫里斯舞（morris dancing）一样，“山脉”也是19世纪的一项“发明”。这是文化史上最伟大的对称性范例之一：那正忙于摧毁大自然的一群人，同时也在忙着发现自然。比如说，建筑师维欧雷-勒-杜克（Viollet-le-Duc），此人在极为忙碌地改造和重塑法国中世纪建筑，同时却也是一位“发现”阿尔卑斯的登山先驱。可以说，他也重塑了法国的山脉。

旺度山海拔1910米，位于卡庞特拉东北二十公里处。此山突兀耸立于一片平原地貌之上，与阿尔卑斯山脉主体完全分离，因此从远处看来显得凛然不可侵犯。对环法自行车大赛而言，今日的旺度山赛段依旧是最令人生畏的一站。1336年4月26日，诗人彼特拉克（Petrarch）登上了旺度山，随后宣称他登山的目的是为了欣赏风景。

诗人在爬山时也许早已是气喘吁吁了，再加之很可能在登顶过程中遭到短趾鹰的袭击阻挠，还有狂暴山风（“旺度”在当地方言中即指大风天气）随时关照，彼特拉克在精神上也受到了巨大的冲击。回到平地之后，他随即写了一封如今已是名满天下的短信给奥古斯丁修会的僧侣——“来自波尔格·圣·塞珀克罗的迪奥吉尼”（Dionigi di Borgo San Sepolcro）。在信中，彼特拉克声称自己是为了娱乐或者接受上天训喻而登山的第一

下图：瑞士登山家、物理学家和地质学家霍勒斯·本尼迪克特·德·索绪尔（Horace Bénédict de Saussure）于1788年完成人类第二次登顶勃朗峰。图中，他和他的登山队成员们已经到了“杰昂特”（意即巨大）冰川。对高山的征服是现代人战胜自然威胁的一个象征。

左页图：《穿东方袍服的理查德·波柯克》（*Richard Pococke in oriental costume*），让-埃蒂恩·利奥塔德（Jean-Etienne Liotard）作于1738年。无所畏惧的旅行探险家理查德·波柯克是这幅布上油画中的人物。

人。或者说，最起码由于这位大诗人的自吹自擂和自我神化，他这一自封的“天下第一登”就这样成为了世俗人间传统观点的一部分，至少雅各布·布克哈特（Jakob Burckhardt，1818—1897）这位研究文艺复兴的第一位现代历史学家把彼特拉克的信当真了。布克哈特认为彼特拉克登顶旺度山标志着现代意识、现代感性的开端，这种现代性的认知感受力表达了对大自然的欣赏和理解，而不再是反感和畏惧。

勤恳的研究者如今证明了彼特拉克首创登山运动的说法是诳语。早在公元121年，罗马皇帝哈德良（Hadrian）就已爬到埃特纳火山上看日出了。1336年之前几年的某一天，一个当地人似乎也登顶了旺度山。不过，彼特拉克的声言虽然从技术上来讲不可信，但从诗意的角度来看倒显得很真切。那种旧观念认为高山是可怕丑恶之物，是威胁和凶险的不祥之兆，在彼特拉克这里，有史以来第一次，这种旧看法被修正了，山脉现在被视为可敬重的对象，也是诱发沉思冥想的源泉。

悬崖绝壁的可怕深度

即便到了17世纪，人们对阿尔卑斯山脉依然了解甚少，敬而远之。在很多人眼中，这片山脉好似从地表隆起的高耸起伏、形态骇怪的自然肿块。如果这片山脉真有什么功用，那也只是充当了一种颇具威吓力量的帷幕屏障，对意大利这座“花园”加以保护，将来自北方的游客群氓挡在山外而已。丑恶凶险的阿尔卑斯在这里被阐释为一种必要的阻碍，让欧洲北方的游客对南方的景致充满戏剧化的预期，而这座“花园”正等待着那些进一步向南方突进的无畏的旅行者。要提升得偿所愿的愉悦快感，恐怖的障碍是必需的。

山这一边的意大利，阳光普照，气候温和宜人，万众蒙福。这里的历史积淀是如此深厚，以至于有人说随便踢一脚都能踢出古董宝贝，而这层古迹之下还藏着更多层的历史遗迹。在逼真具体的“如画”理论（the picturesque）“发明”之前，也就是说在人类的心智文明状态发展到可以像看一幅画或者一座花园那样去看待自然之前，一个旅行者在山间所能发现的一切——从哲学上说——都只是一片无形的虚空。如果从务实的角度来说，考虑到实际的因素，山区就是这样的地方：你在山里可能很容易就会失足落下可怕的万丈悬崖，或者不仅会遇到短趾鹰，还可能会碰上一头肉食猛兽或者一个令人毛骨悚然的、恶毒的山鬼。在古人眼中，大山从来就不是赏心悦目之物。大山是丑恶的。

1638年，诗人约翰·弥尔顿（John Milton）游访意大利，这时他的弱视距离最终让他成为瞎眼残疾还有十四年。他看到山地是贫瘠而荒凉沉闷的，不过他还是有所保留，认为山地之间或许也有着一种快慰乐趣，一种因崎岖、险峻而生发的乐趣。德莱顿（Dryden）在《印度皇帝》（*The Indian Emperor*，1667）中写道：“诚然如此，伟岸高耸的物体能吸引目光，但人们却是带着痛苦哀叹去仰视巨岩峭壁和荒凉高峻的大山，并会长久地注视任何光秃萧索之物，而这些东西上并无葱茏绿意来款待人们的目光，使之得到愉悦。”可见，德莱顿仍然认为高山是丑陋的。

1688年，一位名叫约翰·邓尼斯（John Dennis）的旅行家翻越了阿尔卑斯山，并留下了一份精彩生动的记录，表述了17世纪晚期人们对于大山的切身感受："悬垂在我们头上的巨石，深不见底的万仞绝壁，还有在山谷底部咆哮翻腾的激流，向我们呈现出一幅全然新奇的、令人惊异的景观。在溪流的对岸，是另一座高山，跟这边的旗鼓相当……那陡峻的峭壁被云雾环绕，在一片朦胧昏暗的水汽中半隐半现。这绝壁有时显出极为恐怖的样子，有时正对着我们的这一面又显得相当平整，像一张美丽的脸庞，就如宁静平坦、花果繁盛的谷地。但峭壁不同的部分与其整体面貌的差异又是如此巨大：在同一处地方，大自然竟显得既严峻苍凉又如艳妇般花团锦簇、风情万种。与此同时，我们却是走在峭壁边缘。实事求是地说，就是走在毁灭的边缘。只要脚下一滑一绊，我们的生命以及生命寄居的这副皮囊就会立刻遭到毁灭。这种感受在我心中催生出矛盾的奇特反应，那是一种愉快的恐惧，一种战战兢兢的快乐。我在颤抖，同时却又感到无尽的愉悦快慰。"

右页图：马特洪峰是阿尔卑斯山脉中人类最后征服的一座山峰。爱德华·温伯尔的"成功"登顶是在1865年，但在下山途中，他的同伴中有四位不幸殒命——就仿佛是验证了中世纪关于高山的恐惧与禁忌理念。

到了1741年，理查德·波柯克（Richard Pococke）——此人后来成为爱尔兰米斯郡新教主教——第一次出于休闲消遣的目的登临了阿尔卑斯的一处冰川。这片山脉随之很快成为一个娱乐游玩的好去处，人们把这里当作乐趣之源。那毁灭的"边缘"也成了现代意义上旅游观光的一个起点。及至18世纪80年代，登山迅速演变为一种体育运动，运动规则是由1787年登顶勃朗峰的霍勒斯·本尼迪克特·德·索绪尔制订。穿越山间迷雾的旅行者们不再胆战心惊，他们将阿尔卑斯变成了登山"好伙伴们"的运动场。在这场重新发现大自然的探索活动中，英国人是开路先锋。1857年，（阿尔卑斯）登山俱乐部在伦敦成立。1865年，爱德华·温伯尔（Edward Whymper）成功登顶那令人望而生畏的马特洪峰，这标志着登山运动黄金时代的开始。

曾经面目可憎的恐怖高山被囊括进休闲娱乐的竞技领地，这是工业革命时代卓著的成就之一，而登山运动的发展是在英国经济活动达到最高峰的时刻完成。运河、铁路、面粉厂、工厂、水库、住房、煤气厂、矿井、贫民院、火葬场、码头、船坞、收容所、疯人院、医院、水厂、采石场和仓储设施，这一切人工物毁灭了部分地区的自然之美。于是，人类擅自挪用自然界最伟大的壮丽景观——山脉，来实现一项新娱乐，这似乎是为了向工业化所带来的破坏寻求补偿。

虚无的混乱

人类对于自然的阐释理解在变化，而关于山脉的观念的改变只是这种变化中一个最大的示例。拉斯金和其他一些人谴责过那些新建筑和工业设施，但这完全不足为虑。从1958年起，这些反倒被视为历史遗址，得到维多利亚协会的积极保护，使其免遭毁坏。工业化非但没有让民众与美隔离疏远，反而创造了欣赏美的新机遇。

原生态的自然开始得到人类更多的欣赏的时刻，正是"丑陋"一词在画家和诗人的评价中出现得更频繁的时刻。在摄影术的新纪元刚刚拉开

帷幕的年代，最早的一批画家开始不再透过艺术的滤光镜来看世界，约翰·康斯太勃尔（John Constable）便是其中之一。对丑，他有着清晰明确的看法，那就是自然界中不存在丑。“我有生以来从未看到过丑陋之物，因为让事物按照它可能呈现出的形态存在就行了，反正光线、明暗对比和透视这些因素都会把它变美的。”说得很好，而且在康斯太勃尔著名的画作中，有很多画的并非未遭污染的纯净乡村、田园牧歌，他那些以萨福克郡的运河和磨粉厂为主题的油画如实记录了乡村的工业化。

华兹华斯（Wordsworth）在水仙花中发现了美，但他也在圣巴塞罗缪大集市（Bartholomew Fair）的喧嚷杂沓中看到了丑。1855年，这一闹哄哄的集市在伊斯林顿举办了最后一届后被取缔。这一传统大集此时已经沦为寻欢作乐的登徒子与流氓们的狂欢节，到处是淫声浪语和纵欲的城

上图和右页图：两张最早期的幻灯片，景观为瑞士境内的阿尔卑斯山，分别是1925年和19世纪90年代的影像。马特洪铁路的修建始于1888年，蒸汽火车头对阿尔卑斯山脉的侵入在批评者眼中意味着两种形态的恐怖：令人生畏的大山自身，还有工业革命那喧噪、油污、肮脏的产品对原生态纯净大自然的野蛮征服。

市娱乐项目，而场地的周围则是一片贫困的愁云惨雾。诗人如此感叹：

啊，这虚无的混乱！
恰是那光怪陆离浩人城市的缩影，
她千百万的子孙，于此寄身，
忙碌着鸡毛蒜皮，狗苟蝇营，
在这永恒翻旋的涡流中心，
无法无天，各显其形，
无始无终，失道又无情，
被融化缩减成同一个德性。

康斯太勃尔的纸上油画《房屋与彩虹之间的风车》（*Windmill Among Houses and Rainbow*，约19世纪）。他笔下英国乡村的田园牧歌场景，经常是经历了工业化的农业图景。与21世纪的风能发电叶片装置一样，19世纪的风车对自然的侵占和搅扰也恣肆招摇。

但华兹华斯也指出了这样一个历史时刻的开端：诗人们开始在新兴的城市中发现魅力。他的十四行诗《威斯敏斯特桥上有感》（*Composed upon Westminster Bridge*）明确地宣称，伦敦日出的景象，哪怕太阳是升起在火葬场和一片贫民救济所的屋顶之上，哪怕是从一片雾霾中看到这太阳，那也是他所能想象到的最美的日出之一。18世纪后期，乔治·克雷布（George Crabbe）与奥利弗·哥尔斯密（Oliver Goldsmith）已经在他们的诗行中开始质疑乡村生活幸福快乐的浪漫论调。克雷布的《村庄》（*The Village*）倾向于以一种不动声色的客观写实主义，来表现农人扶犁耕作的生活艰辛。在《废弃的荒村》（*Deserted Village*）中，哥尔斯密则对那些背井离乡的村民的命运表示忧虑，猜想他们能否在美国、在阿尔塔玛哈河两岸安身立命，建起新家园。哥尔斯密所提到的这个地方大致位于当今乔治亚州的萨凡纳与佛罗里达州的杰克逊维尔这两座城市之间的某处。

大自然是否始终是美的，要回答这个问题，你首先必须对丑有一个概念。曾经令人厌憎畏惧的大山，在浪漫派那里被转化为自然之美的完美表现。与此类似，科罗拉多河流经的高原地带，石柱谷（Monument Valley）中的碑柱状砂岩地貌如今大受褒举，被当成北美观光旅程中的“圣杯”。

上图和右页图：犹他州石柱谷，最早期的幻灯片（约1900）。正如德莱顿说过的：“伟岸高耸的物体能吸引目光。”石柱谷的这些碑状的砂岩山峰大都高出山谷地面300米以上。作为未受沾染的纯净自然的象征，这些山峰已经在好几部好莱坞电影的背景中出现过，其中包括约翰·福特（John Ford）的《关山飞渡》（*Stagecoach*，1939）、丹尼斯·霍珀（Dennis Hopper）的《逍遥骑士》（*Easy Rider*，1969）与雷德利·斯科特（Ridley Scott）的《末路狂花》（*Thelma and Louise*，1991）。

上图：星鼻鼹鼠，种属学名condylura cistata，因为看上去无脸而令人惊怖。

而旅游观光本身则是这样一种概念，其得以成立与否，通常而言，要取决于消费和享受者能否从中得到美的愉悦快感。只要不是愚钝无趣之人，谁也不会否认令人心醉神驰的石柱谷那绝佳的壮丽风光。即便如此，对于另一种类型的审美识别力或敏感倾向而言，35号州际高速公路（建成于1971年）那安详的整齐匀称感和镇静感，也同样能够给人带来审美愉悦。这条壮伟的州际高速线路令人肃然起敬，从得克萨斯州的拉雷多延伸至明尼苏达州的德卢斯，其最初的宏大目标就是纵贯美国，将南北两端的墨西哥与加拿大相连。这一路的黑色沥青路面，让两旁的灌木都低首臣服，这条路展示出泰然自若和流畅清晰的形态……这一切所呈现出的景观，不是工业化的丑陋，而或许，是一种大美。

毛茸茸的可爱造物

进化论提出一个论调，说人们觉得有些生物令人不悦，是因为它们引发了某些原始恐惧感，这种论断其实讲不通。眼镜蛇并非总是丑恶的。还有人想象，剑齿虎是一种健美俊朗、充满王者之气的威猛野兽。从相反的角度来说，星状鼻子的鼹鼠无论如何也算不上是危险动物，但某种程度上人们都认同，看到这种小东西会比较反感。2010年，《纽约时报》中一篇文章说道，麻省理工学院的神经科学家南茜·坎维希尔（Nancy Kanwisher）

上图：欧德特（Oudet）雕刻的海牛，出自法国航海家儒勒-塞巴斯蒂安-凯撒·杜蒙特-乌尔维尔（Jules-Sébastien-César Dumont-Urville）的《赴南极的航程与大洋之行》（*Voyage au Pole Sud et dans l'Oceanie*，1842—1853）。一个种属分类上的混乱观念，或者说一种一厢情愿的幻想，让很多水手把这种丑陋的儒艮类海洋哺乳动物误当成美丽的、女性化的美人鱼。

对此做出了解释，人们觉得这种鼹鼠令人不安甚至恐怖，是因为它看上去如同无脸怪物。

有证据表明，研究生物学家对于那些符合公认的或通行的审美理念的动物会更感兴趣。2010年，《保护生物学》（*Conservation Biology*）杂志上刊出了摩根·J.特林布（Morgan J. Trimble）的一篇论文，文中对大约2000个南部非洲物种的相关研究文献进行了比照分析。这些物种之一是海牛。非洲土著人坚信海牛曾经也是人类，也许正是因为这一看法，在种属分类上才有了一种混乱观念，以至于有人在海上见到海牛后，出现了幻觉，以为那是所谓的美人鱼。屠杀海牛是禁忌之事，所以海牛或许可以构成一个有趣的文化研究主题。研究海牛还有科学上的理由：它们显示出某种能力，可以处理那种涉及到区分和识别对象的任务，而且有着长期记忆的征象。这也就是说，海牛不是一般地聪明。不过，文献分析的结果是，海牛是“人型哺乳动物中，研究资料最少、最不受待见的”，就因为它相貌不雅，肥大臃肿。

如果说由克雷布与哥尔斯密开端的、对于田园牧歌老套情调的反拨与解构运动，直接诱导了“世界上最丑犬只”大赛的举办，那无疑是站不住脚的，但这项比赛却是一个有力的论证，反驳了那种得到人们过度推举和赞赏的理念，也即自然产生的造物成果必然总是快小愉悦的诱因或源泉。这项一年一度的赛事在加州佩塔卢马举行，近几年主宰赛场、夺冠称雄的

上图：1984年，芝加哥博览会期间举办的“丑陋宠物大赛”上，一只牛头犬夺冠。根据史丹利·柯伦（Stanley Coren）所著的《狗的智力》（*The Intelligence of Dogs*，1994）一书，在所有被分析衡量的80个犬类品种中，牛头犬的智力排名第78位。

左页图：在加州佩塔卢马举办的每年一度的“世界上最丑犬只”大赛中，中国冠毛犬这一毛发稀少的品种表现稳定，总是取得优胜名次。一只叫做山姆的家伙在2003、2004、2005年夺得三连冠。

是中国冠毛犬。这种狗的独特之处就是毛发稀少，这是一种不完全显性基因遗传特征。最近的一个赢家不仅没有毛，而且是单眼三条腿。

植物的色情

关于大自然，有一种修正主义的观点已经被考虑到了。可能有点令人惊讶，对此观点表示赞同的是皇家园艺学会的会员们。2009年，学会投票确定那阳具状且散发着腐臭气味的死尸花（corpse flower，学名“巨花魔芋”）是世界上最丑的植物。丑陋植物的名录中还包括“杂种葡萄”（bastard cobas，学名“葡萄瓮”），原产于纳米比亚，也被称作野葡萄；马兜铃（birthworts，学名“巨花马兜铃”），有着复杂的、脐带状盘综缠杂的藤；“象鼻树”（elephant's trunk，学名“棒槌树”），也是原产于纳米比亚，表面遍布着棘刺；千岁兰（tree tumbo，学名“百岁叶”），来自南部非洲的植物活化石；“十字架荆棘”（thorn of the cross，学名“鼠李”，collectia paradoxa），一种南美洲的灌木；“臭鱿鱼”（stinky squid，学名“梭杆菌”），一种1915年在匹兹堡发现的蘑菇蕈类；“海洋葱”（sea onion，学名“大苍角殿”），花叶茎杆看上去像瘦弱细长的芦笋，形态略显淫邪不洁；还有“草绵羊”（vegetable sheep，学名“沃尔白菊”，Raoulia eximia），这是一种原产于新西兰的叶面上长有绒毛的植物，密集丛生，光看英文名可能会误以为它是脊椎类反刍动物牛科之下羊亚科的一个绵羊属子属类目。

这是一个丑恶可憎的植物的大集结，臭的、怪异畸形的、带刺的、不可爱的、看上去恶劣粗陋的，无奇不有。只要公平客观地审视一下这些植物，即使它们各自的相对“丑值”有差异，但都表明大自然确实无所不能，要给人们带来一些惊悚的小玩意也轻而易举。这里你可以看到自然的色情表达，不过不是男欢女爱，而是以花朵茎杆和含苞欲放的形式来呈现。有关的博物学内容恐怕读来有点古怪，有点剑走偏锋，不过，有一个词或许还是值得一提：作为“植物色情”章节的一个脚注，smut这个词是源起于园艺学。它的本义实际上是指玉米感染的真菌病，简称黑穗病，但后来这个词犯了“道德错误”：英语读者看到smut，首先想到的是色情图像和春宫。非健康“变态”植物的丑，还有那些形态危险或者看上去就难以对付的植物，它们却也颇具魅惑力，这些就在警示我们，关于自然之美这个问题，用那种可以脱口而出的陈词滥调来回答并不合适。

有一本令人难忘的书，书名为《锈、黑穗病真菌、霉斑和霉菌》（*Rust, Smut, Mildew and Mould*，1865），作者是M.C.库克（M. C. Cooke）。此书是真菌的赞美之歌，瞄准的是由当时业余的显微镜“专家们”构成的一个新兴市场。铁路网络的扩展让那些显微镜拥有者可以去远郊和乡村，不亦乐乎地忙碌于探索微生物世界。书中的内容动人而奇妙，简直无以言喻。书里描述了亚瑟（Arthur）和梅布尔（Mabel）两人将城市抛在身后，跑到新克罗斯（New Cross）。在那里，他们可以“远离熙攘人群的围困，在修铁路所挖出的山间通道的长坡上悠闲漫步。我们将肯定能够发现那种名叫‘山羊胡子’（goatsbeard）的植物……这植物的叶子……呈现出一种罕见奇特的样子，宛如上面撒了金粉，或者更准确地说，没有金子那样的光泽度，仿佛某位乡间小仙女在叶面上撒了一层橙色的颜料或姜黄根粉末……”

亚瑟与梅布尔信步爬上铁路通道长坡，去寻找和探索野草美学的年代，也差不多是福特·马多克斯·福特（Ford Madox Ford）出生的时候。在《英国和英国人》（*England and the English*，1907）中，他以相当轻蔑的语气描绘了英国的乡村，他在那里看到一片“……植物生命的巨大废墟，那些自生自灭、无人过问的草的叶片，还有无边延伸的广袤田野和奔跑跳跃、不计其数的野兔，或者就是那数不胜数、无拘无束的大群绵羊”。还有什么能比一条有野草点缀在两旁的铁轨路堤更漂亮吗？有，35号州际公路肯定更美。

右页图：植物并非都是美的，比如照片中的巨花魔芋，摄于约1940年。这种世界上最大的花朵，俗称“死尸花”，散发出腐尸般的臭气，而且形状像古怪邪恶的阳具。仅这一种生物体上，就结合体现了数种文化禁忌。同样以令人蹙眉，甚至是可憎的形态与气味特征出名的还有“象鼻树”（插画，约1779年，见次页左图）和“臭鱿鱼”蕈类（见次页右图）。

6 媚俗或对恶品位的沉迷

左页图：格布吕德·索内特（Gebrüder Thonet）设计的“14号”椅子（1859）被大批量生产。这一有着独创风格的椅子，适用于各种场所。它是工业化制造的，各组件由顾客自行装配，因此是平整包装后运输。勒·柯布西耶对这个产品非常欣赏，将之誉为优雅设计的典范。

我的品位为什么比你高？
购物何时变得如此有竞争性？
谁说山寨货就是丑的？
为何要为规则而烦恼？

19世纪完成了对丑的工业化诠释。人们对艺术的犯罪也同样地冷酷无情和彻底，就跟发动全球战争或进行贪婪的殖民侵略时一样。工业提供了方式手段，来将美批量化生产制造。或者，最起码可以说，根据可资利用的不少证据，有迹象显示丑更受工业化的青睐，这其实也是我们很多人已经认可的一个观点，是批量生产的“美”出了意外，变异为规模化的丑。关于人类的动机，说实话，更是关于人类的怪癖，前述的这个变异向我们透露了什么信息呢？面对工业给艺术和自然所带来的改变或后果，即便是在21世纪，我们仍然有所保留，在勉为其难地学着去妥协和接受。

不妨这样说吧，从21世纪初始年代的角度去看，之前一个世纪的设计艺术——至少是我们在概念上已经统一认定的现代主义运动——的整个历史，可以被视为一种权威秩序，要求我们去遵守。在之前这一个世纪的工业化进程中，原先以书册的形式来呈现的设计模本被机械工具所取代，原有的设计规范和法则也随之失落，而现代主义运动则是试图去重建起新的规则。

工业化在两种意义上创造出了媚俗低劣的成果。有史以来第一次，人类可以大批量地生产任何产品，而且不必去为品位、格调或优雅之类的诉求而烦恼。那些新兴顾客大多都缺乏教育，所以优雅的品位也并不是必需的。随便什么东西都可以卖给这些群氓。生产和消费不再是精英人群的特权，而是向所有社会阶层都开放了。多少有点令人沮丧的是，这导致的是普遍化的平庸，而不是普遍化的卓越或优异。

工业化生产不仅仅异化了工人，还异化了从工厂大门运出的产品。批量制造的商品有一种怪异的特质，既不能说它们假冒伪劣，也不能说它们是地道正宗的。比方说，一盒罐装饼干，那铁罐是用哥特风格的模板压铸成型的，你能说这罐饼干是劣质的赝品吗？这饼干并非要去假装别的东西，而只是作为哥特风格铁罐包装的饼干而已，但假冒伪劣则是说的可恶、丑陋、多余无用的垃圾货。这罐饼干不是地道正宗的，这是因为地道正宗这一概念与品行美德和诚实正直相关，而只要考虑到那哥特风格的装饰性铁罐是批量制造的产物，那就缺乏了那种诚实的伦理美感，也就谈不上地道正宗。

工业化产品的这种特性让建筑和设计以前据以立足的那些老派的经

上图：约翰·亨利·贝尔特设计的一对洛可可复兴风格的椅子，出产于纽约（约1850）。这位德国裔细工木匠与设计师以纽约为事业的大本营，他与索内特是同代人。贝尔特也运用工业化的生产技术，但他专长于洛可可复兴风格的设计，针对的目标是那种喜好繁复曲线雕饰的客户，其作品看上去经过精细的抛光润饰处理。

典价值尺度受到了危害和冲击。贵族特权与精雕细刻的逐步演化形成的传统曾经都构成对品位的支撑。大致来说，直到19世纪，关于什么是好、什么是坏、什么是美和什么是丑，都没有多少争议。不过，当博尔顿与瓦特联手发明的、那魔鬼般高效率的蒸汽引擎取代了灵巧的、粗糙结茧的双手后，关于品位的那些旧观念和旧标准就崩溃了。

下面这个例子是否就是生产方式变化的一个结果？19世纪中叶，这样的场面是完全有可能出现的：索内特那著名的“14号”椅子，在批量生产之后，与约翰·亨利·贝尔特（John Henry Belter）设计的噩梦般繁复雕琢的家具放在一起售卖。这两人的作品都是机器生产的，前者简练、大方而优雅——最起码在我们眼中是这样，而后者则过度雕琢，十分繁琐。2009

3291

上图：填充制成的动物标本，猴子们在演奏各类乐器。1851年的万国博览会展示出人类的创造技巧和才华，而当时的市场上也充塞着低劣媚俗的产品，数量巨大，种类纷繁，供应充足。这前后两种现象倒是彼此般配，相映成趣。那些新奇花哨的货品中，有很多涉及到动物标本，这些造型拟人化的标本都“模仿”人类的行为动作。

次页左图和右图：一个维多利亚时代的猫头鹰标本与一只现代的玻璃镇纸。这一类事物差不多一直都抵制或无视那种“美好”设计标准的要求与介入。

上图：巴纳姆与柏利马戏团的专项特色在于“无与伦比的奇迹、人类的珍品和身体奇观”,所有这些都在1899年的这张海报上广而告之，而海报是由斯特罗布里奇平版印刷公司印制（Cin'ti & New York出版）。天生的畸形也许不能说是赏心悦目的，但对于好奇的观众而言，却有着很大的吸引力。丑能够带来一种刺激的快感，让人兴致勃勃。

左页图：英国皇家植物园“丘园”（Kew Gardens）中的蕨类温室。“蕨热”（Pteridomania），也即搜集蕨类植物，是维多利亚时代的热门风尚。业余植物学家兼采集者纳撒尼尔·巴格肖·沃德医生还在1829年研发出了封闭的“沃德式”植物保护玻璃箱。它是用来保护医生采集的蕨类，以免受到伦敦那恶毒可怕的空气污染的伤害。这也是一种隐喻，代表着维多利亚时代的一个理想，那就是用“人造设备去控制和驯化自然”。

年，连锁店遍布全球的家居品牌“无印良品”（Muji）推出了索内特椅子的一个改良设计版本，设计界高品位专业人群对此并未评价，算是给出了无言的首肯。如果出自贝尔特的哪个产品推出改良设计版本会怎样？那将会被说成是媚俗的低劣品位。

19世纪中叶也难免成为建筑师之间发生“风格之争”的时期，虽然直到一百年后的20世纪中期，建筑才成为批量制造的产品。不过，那时人们毕竟还是可以选择某种建筑设计方案，就像如今在马歇尔·菲尔德公司或者西尔斯·罗巴克百货公司邮寄的产品目录广告中挑选一件电器或一个装饰摆件一样。这就证明了当时也没有公认的品位标准。

你会对商品想入非非吗？

工业化的同时，大量涌现的产品在某种程度上甚至让大自然都相形见绌，显得渺小、平庸。工厂比大自然还繁忙！那些烟尘污染下黑乎乎的工厂，实际上是在消耗和破坏乡村。这是维多利亚时代的思想家反复论及的一个噩梦。工业还以另外一种方式来消耗和矮化自然。仿佛一夜之间，出现了一个新世界，其间都是些“花哨新奇货”——这种命名够耸人听闻的。毫无疑问，形容任何类型的人类行为所用过的名号都不曾像“花哨货”这样笨拙愚蠢，蠢笨到令人沮丧。这些花哨货经常盗用和滥用自然元素，并且不仅用作装饰图案，而且将自然分解破碎后利用。琥珀中的苍蝇、玻璃钟形罩中的兰花、订到木板上的蝴蝶标本、填充制作的猫头鹰标本、养在“沃德式”盆景温室箱中的蕨类、实景模型与动物标本园，这些实例都表明了对自然的虚假的控制。这也是媚俗低劣品位的最好例证。

要想对此媚俗大潮有直观的理解，可供参观的场所倒是非常多，而位于威斯康星州尼纳市的伯格斯特罗姆-马勒博物馆（Bergstrom-Mahler Museum）倒也不失为“花哨”之旅的一个上佳的始发地。那里收藏着19世纪的玻璃镇纸，可谓琳琅满目、洋洋大观。馆中的藏品出自个人的贡献，收集者是伊万杰琳·霍伊斯拉德（Evangeline Hoysradt），也是后来的伯格斯特罗姆夫人，这是她个人强烈兴趣爱好的成果。1935年，在佛罗里达的一个古董市场上，她买到一只玻璃镇纸，这让她想起了童年时曾经

下图： 约瑟夫·帕克斯顿（Joseph Paxton）的“水晶宫”——此名是当年新闻界的发明，表示调侃讥讽——就如同一个巨型的沃德式玻璃温室。拉斯金对此惊愕不已，他说道：“我们可以……用钢铁架桥跨越布里斯托尔海峡，用水晶来给整个米德塞克斯郡盖上一个大屋顶，要弥尔顿或米开朗基罗还有何用！”

一度迷恋过这种东西，从此便重拾旧爱。及至1939年，她的藏品已经有了200件左右，并得以登上大雅之堂，在庄严的、大名鼎鼎的芝加哥艺术学院展出。接着，一种全国性的疯狂热潮席卷而至。电台访谈节目多次邀请伊万杰琳出场，她还出版了一本镇纸专题图书。1959年，镇纸博物馆在尼纳市开幕，由此确认了她在玻璃镇纸这个莫名其妙地突然就炙手可热的世界中的地位。

有人认为，自从皮耶特罗·比迦利亚（Pietro Bigaglia）在1845年的维也纳博览会上展出他自己制作的有着高雅的工艺的作品之后，人们对玻璃镇纸的狂热便已开始。镇纸以一种见微知著、以小见大的形式反映出19世纪的设计态度：一望而知是工业生产的奇迹，同时也是审美的灾难。实际上，那都是些花里胡哨的玩意儿。如果公众对所谓的奇妙惊人的事物有着一种病态的嗜好，那些生产镇纸的工业家或企业家就完全有能力来推波助澜并满足大众的这种欲求。

WIENER WERKSTÄTTE

上图：独裁者的品位，伊迪·阿明（Idi Amin）位于坎帕拉的住宅（1979）。

左页图："维也纳工作室"（一个视觉艺术工作者群体）的展示间，在德意志工艺联盟展览（科隆，1914）上的"奥地利建筑"展区。该展示间由约瑟夫·霍夫曼（Josef Hoffmann）与爱德华·约瑟夫·维默-维斯格瑞尔（Eduard Josef Wimmer-Wisgrill）联合设计。这次展览是关于实用艺术之美的早期展示之一，表明现代主义运动认为它可以达到这样的美学追求。这个展览在国际范围内也有着巨大影响，为工业设计师与工艺美术家铺设了道路。由于一战爆发，这次展览只好提前落幕。

次页图：第一战斗组混成旅中士克雷格·赞特柯维奇（Craig Zentkovic）拍摄萨达姆·侯赛因（Saddam Hussein）位于巴格达的粉红主调卧室（2003）。

镇纸（还有它们的"近亲"——玻璃雪花球）经常使用自然界真实事物的零碎来呈现装饰性的图案。让植物和动物世界的元素从属于——实际上是镶嵌转移进——某种工业制造过程，这种看似了不起的创意正好象征了维多利亚时代扭曲的审美观。塞莱斯特·奥拉奎亚伽（Celeste Olalquiaga）在1999年出版过一本书，其内容奇特，充满沉思冥想而又富于挑衅意味。这里借用一下该书的书名，镇纸所呈现出的可谓是"一个虚假的人造王国"。比如，海马这种小咸水鱼的残片被嵌入镇纸，这是让自然成为工业生产从属物的一个最常见的例证。同一时期，水族箱突然蔚为风尚。19世纪50年代，有一种"流行水族箱"进入了商业流通领域，这个产品中包含了一片微缩型的阿尔卑斯山景，安放于箱底水中，用以取悦观赏者，并"犒劳"箱中的游鱼。这种对微缩自然景观的依恋或喜爱（捡贝壳与收藏蝴蝶标本是同类性质的大众化的兴趣爱好）不仅产生了大量的商品和容器类产品——这些我们大致都可归为媚俗劣作，而且也表明大众普遍想逃离工业化的丑陋，虽然激励这种丑陋工业生产的消费动力也是源自大众。

"蕨热"是指热衷于采集蕨类植物。这种集体性的疯狂热潮在英国风靡一时，蔓延到所有的社会阶层，导致苏格兰高地和威尔士的各种蕨类植物都被大量采集，以至于让人担忧这些物种会被耗尽毁灭。Pteridomania这

左页上图：阿道夫·希特勒与爱娃·布劳恩在贝希特斯加登（约1935）。

左页下图：约瑟夫·斯大林与女儿斯维特拉娜（1937）。

个词的产生可能要归功于查尔斯·金斯莱（Charles Kingsley），它首先出现在他的书《海神格劳克斯，或海滨奇观》（*Glaucus; or, The Wonders of the Shore*，1855）中。但这个词的渊源还要再回溯二十年，那时，新铁路的建成让大批业余植物学家出城去远郊旅行的计划得以实现。

关于“蕨热”，金斯莱写道：“你的女儿们或许已经被这恼人的全民狂热症感染了……整天在念叨争论着那些拗口难读的植物亚种名字……而且你还不能否认，她们真的乐在其中。比起读小说、八卦闲扯、做钩针编织和打毛线，她们研究这些植物时反倒显得更积极、更开心，也更忘我。”

要观赏蕨类，将植株的全部面貌展示出来当然是最好的。于是，蕨类经常被安置于带有装饰效果的玻璃容器中进行培植。这种容器叫做沃德式温室箱，由纳撒尼尔·巴格肖·沃德医生（Dr.Nathaniel Bagshaw Ward）设计，在“蕨热”时期的畅销书《论在封闭式玻璃箱中植物的培育与生长》（*On the Growth of Plants in Closely Glazed Cases*，1842）中对其有过详尽的描述。

沃德式温室箱是隐喻用“人造设备去控制和驯化自然”，仿佛是为了强化推进这个隐喻，博物馆也在同一个时期纷纷涌现，其中的展品都加上标签，清晰整齐地排列展示。而最初的现代意义上的商店也是在同期出现，店铺里的货品也是整齐地陈列展示。博物馆和商店与马戏展演或畸形怪物秀有着一种令人不安的类似和关联。在后两种场合中，那些怪异事物作为招徕观众的卖点，也被用于展示。举例来说，1842年，在菲尼亚斯·T. 巴纳姆（Phineas T. Barnum）马戏团的巡回演出中，就有一个丑陋的仿冒美人鱼，由一只猿猴的上半身与一条属于大马哈鱼类的亚种鱼的后段和尾部拼凑而成。巴纳姆还策划创办了选美比赛，对天生畸形怪胎的利用也毫不含糊，比如最早出名的连体人强·邦克与恩·邦克两兄弟，还有大拇指汤姆上校——这是位曾经从军的侏儒。那些对学术知识那令人喜悦激动的纯正的本质保持警醒关注的人肯定会说巴纳姆的创造媚俗恶劣，但这些媚俗的事物却为美国的自然历史博物馆体系直接提供了部分原材料或内容。

无品位的巨量垃圾

新兴的百货商店与新建的巴黎式拱廊步行街，比如苏瓦瑟尔廊道（Passage Choiseul，1823—1825）或鲁伏茹瓦廊道（Passage Jouffroy，1847），都是为新兴顾客提供媚俗劣货的试验场。1851年，伦敦的万国博览会在一个巨型的玻璃容器中举办，就如同沃德式温室箱。来到这座大“水晶宫”的观众，可能会看到赫尔曼·普罗奎特（Hermann Ploucquet）不辞辛劳从德国斯图加特运来的“静态舞台剧”（或者直接说，就是用死去的动物搭出的“场景模型”），场上的角色都是动物标本。比如说，你可以看到一个惊人丑恶的“下午茶聚会”，出场的都是貂，这些面目可憎的小动物被摆弄成不同姿势，让人想到“理性生物的姿态、习性和日常活动”。这一陈述中，“理性的”这个词当然几乎经不起推敲。将动物剥皮

左页图：玛丽安·勃兰特（Marianne Brandt）与希恩·布雷登迪克（Hin Bredendieck）的台灯，为柯尔廷与马蒂森（Korting & Mathiesen）公司设计（1927）。包豪斯金属工作坊的美学规范对所有产品都有着严格的形式上的要求。

次页图：1971年，麦当劳在日本开业，这是位于东京银座三越百货商场的分店。按照P.J.奥罗克的说法，伟大美国的成就在于创造了一种“把一切都弄得乱七八糟的自由”。看起来，全世界都会变得一团糟。

填制成标本，这种现象本身与19世纪社会心理之间的关联非常紧密，值得进行详细的专题研究。只是，我在此不禁要感叹。试问，有几个狂热的家伙能足够错乱疯癫，有胃口或勇气来进行这样的研究探寻？

商店及其意义让现实主义小说家埃米尔·左拉（Emile Zola）恋恋难忘，欲罢不能。他对消费主义的讥刺受到巴黎“好商佳”（Le Bon Marché）百货公司的启发，他将自己的这种讽刺作品称为“女士们的一个福利”（Au Bonheur des Dames）。左拉的娜娜（Nana），在那部1880年的同名小说中，就是在类似好商佳之类的一个商业拱廊步行街中因那些垃圾（也就是俗艳花哨的商品）而兴高采烈。这些东西包括一些当时所谓的必需品，比如胡桃壳的小饰品、旺多姆广场立柱样式的温度计、假珠宝、镀锌制品和用硬纸板做出的仿皮革货品。

大量涌现的丑，为艺术和设计教育带来了强大的刺激动力。这种教育首先在最早发生工业化的英国开始，紧随其后的就是德国。关于低劣媚俗，最经典的定义是由古斯塔夫·E.帕佐瑞克（Gustav E. Pazaurek）提出。此人身兼博物馆主管、诗人和剧作家多重角色，也是德意志工艺联盟（Deutscher Werkbund）——该组织代表着工业制造群体要提升设计水准的集体诉求——的领军人物。本书第九章中，我们还会与帕佐瑞克再见面。现在我们先来看看他对媚俗有什么看法。在发表于1912年的论文《工艺美术中的好品位与恶俗品位》（*Good and Bad Taste in Applied Arts*）中，他的观点表述如下：

“艺术灵感启迪可能激发出优质产品的设计，而与此完全对立的则是那种粗制滥造、大量炮制、毫无品位的垃圾，或者说是媚俗劣货。这种东西无视伦理、逻辑和美学的所有要求，对材料、工艺技术与功能或艺术形式的规范也无动于衷。它们只服从唯一一条戒律：东西必须便宜，而且最起码要试图营造出一些假相，让人觉得其物超所值。”

媚俗不仅仅是坏品位而已。不过，关于这样一个解释起来很困难，同时又颇具挑逗趣味的概念，原本也没有什么“简单明了”的说法。在帕佐瑞克的定义中，“媚俗”（kitsch）是俗艳花哨的垃圾，与乡村草台戏班的山寨行头类似，是未经大脑斟酌就生产出来，也是未经半点思虑就被消费掉的。媚俗正是我们需要艺术教育来消灭的东西。帕佐瑞克与德意志工艺联盟的初衷与倡议，虽然谈不上具有洗脑的效应，但也是对包豪斯学派工艺教育哲学的一个重要影响元素。而包豪斯这一德国历史上最具影响力的艺术学校，简言之，其意图就是肃清19世纪留下的残余垃圾。

在这场争取工业实用艺术之美的运动中，丑陋低俗的花哨货品将被简练无华的设计所取代。曲线花饰退出，直线条与直角登场。繁复修饰就是罪错，而简洁纯净是美德。希尔穆特·莱曼-郝普特（Hellmut Lehmann-Haupt）在其卓越的研究著作《独裁统治下的艺术》（*Art under a Dictatorship*）中提出，左派和右派的独裁者都欣赏媚俗设计。他进而解释道，应该有人再写一本书，将斯大林、希特勒、伊迪·阿明、萨达姆·侯赛因与卡扎菲串联到一起。腐败衰颓的文明会产生媚俗作品——这种说法可能没错，而设想中的这样一本书，读起来大概不会那么怡情养性、赏心悦目，不过从道义上来讲，这本书很有必要。心中考量过这样或那样的独裁者之后，赫

Big Mac
200
フィレオフィッシュ
Filet-O-Fish
100
マックフライポテト
Mac Fry Potato
70
ホットアップルパイ
Hot Apple Pie
60
マックシェイク
Mac Shake
Strawberry
Chocolate Orange
120
60
コカコーラ ファンタ
Coca Cola Fanta
Orange
Grape
100
50
コーヒー
Coffee
50
ミルク
Milk
ホットチョコレートドリンク
Hot Chocolate Drink

莫里斯·拉皮杜斯设计的位于迈阿密的枫丹白露大饭店（1954）。委托方的意愿是想要“法国外省地方风情”，但建筑师却倾向于他所说的“戴着皮领圈的毛茸茸的狂野摩登风格”。洞窟式空间和室内瀑布是该酒店的鲜明特色，还有一个液压升降舞池——媚俗经典中的黄金标杆。诡异的是，拉皮杜斯早期却是以现代主义趋向而闻名，但他后来说道：“我认为米斯·凡·德·罗（Mies van der Rohe）是个白痴。他说‘少即是多’？哪有这么愚蠢的！少不是多，少了就是什么也没有。”

尔曼·布洛赫（Hermann Broch）在《媚俗》（*Kitsch*，1933）中将伦理与审美做了比照研究。他写道："媚俗的生产者必须被判定为一种可鄙的生命存在物。"相比之下，现代主义的消费者则令人欣慰。他们见多识广，拥有美好的物品与家具，而这些东西的美感能超越时代限制——理论上说来，似乎如此。

在20世纪中叶的某个时间节点，包豪斯的革命性追求已经赢得了普遍的接受，至少在提倡自由主义、受过良好教育、有着先进审美眼光的特定人群中有了市场。实际上，带着极大的荒诞感，包豪斯甚至毫不含糊地在某些企业文化中成了明确的正统。只要看看很多大厦里——举个例子来说吧，纽约林荫大道旁的哥伦比亚广播公司大楼——大堂和行政套房中像机甲战车般整齐列阵的包豪斯家具，你就明白了。就在这样的时刻，媚俗跳出了类型的屏障。

媚俗不再是一个谴责性的概念，用来指斥那些缺乏教育的消费者所购买的垃圾货。此际，一个眼界宽广而洞悉人心的精英群体重新阐发了媚俗，而他们对于现代主义运动的"胜利"所代表的高雅的品位的成功上位又感到了厌倦。在20世纪中期，艺术领域的意见领袖们全力推动了一场所谓的"丑陋运动"，这种新的"媚俗"选择正是此运动的一个前沿阵地。1968年，吉洛·多弗勒斯（Gillo Dorfles）的《媚俗》出版，而仅仅两年后，这一风潮又被提升到了新的高度，被汤姆·沃尔夫（Tom Wolfe）称为"激进派时髦"。欣赏、推广和提倡丑，变成了一种时尚。

多弗勒斯那本影响广泛的书的副标题为"恶品位大全"。伯纳德·贝伦松（Bernard Berenson）宣称，当对现代派的胃口得到满足，重新回归媚俗的这一代人已经对现代运动的高雅风度感到彻底餍足，这种品位逆流便开始了。一代新人对他们自己意识清晰地认为是坏品位的东西反倒生出欣赏之情。他们同意夏尔·波德莱尔（Charles Baudelaire）的观点，坏品位是"令人心醉神迷的"，因为那暗示着不必去理会和讨好贵族化的权威正统。

媚俗是坏品位的升级形式，表现得巧妙、心照不宣而狡黠，但其狡猾定义的方方面面还是透露出一些丑的绝对或确定的特质。有人曾说过，愤怒从艺术中消失之后，剩下的只是艺术的尸体。在媚俗的各种定义中，死亡经常被提及。塞莱斯特·奥拉奎亚伽说："鄙陋媚俗之物从诞生的那一刻起便已死去。"就像贝克特（Beckett）说过的"出生即是他的死亡"。在克莱门特·格林伯格（Clement Greenberg）看来，媚俗全是关于"替代性经验和假冒的知觉感受……一切概括要点就是伪造仿冒"。按照这一定义，有着温暖甜美的奇异建筑与雕塑的波波丽花园也可以说是媚俗之物。作为神圣经典的《圣经》又该如何说？1975年，安迪·沃霍尔出版了《安迪·沃霍尔的哲学》（*Philosophy of Andy Warhol*），声称"东京最美的东西是麦当劳"。

"媚俗"（kitsch）一词的语源学研究可对我们有所教益和启示。早期去欧洲的游客常常要弄几幅"速写画"（sketch）作为旅游纪念物，sketch或许便是kitsch的语源，但这只是猜测。还有人说媚俗可能是一个拟声词，模拟早年柯达相机的快门声，而拍照是游客捕捉定格某处风景作为记忆，以便事后重温，得到替代性的观赏享受。更确定的是verkitschen这

上图和次页图：巴伐利亚国王路德维希二世（Ludwig Ⅱ）的宫殿林德霍夫城堡，以及装饰豪奢的宫殿内部。这位“疯子”国王的城堡建成于1886年。与枫丹白露大饭店类似，人工洞室是这座城堡的重要特色。城堡中的维纳斯洞窟是瓦格纳的歌剧《唐豪瑟》（*Tannhauser*）第一幕中的背景之一，而路德维希二世是理查德·瓦格纳（Richard Wagner）的保护人。这位国王用早餐的地方是城堡园林中的一间树上木屋。

个德语词，意思是匆促地做成某事，比如匆忙完成一个临摹拓本。媚俗在当代意义上的——含义中既有着一定程度的认可，也有着一定程度的谴责——最早运用是在1927年，评论随笔作家瓦尔特·本雅明（Walter Benjamin）发表了一篇对超现实主义加以深入探究和反思的文章，其中就包括Traumkitsch这个德语词。这一术语直译为“梦幻般的媚俗”，将梦与消费主义这两个概念融合在了一起。

飞行的鸭子

关于媚俗，一个持久常见的定义是说媚俗提供了一种临摹本般的复制体验。媚俗之物模仿艺术的效果，但对艺术本身却不在意。媚俗注重的是一种粗糙简陋的即时性结果，径直指向和追求的是反馈、回应，而不是居间过程中的美学效应。关于这一点，我们可以直接去看看莫里斯·拉皮杜斯（Morris Lapidus）的枫丹白露大饭店。1954年开业时（就在那本质上而言与此酒店风格相似的迪斯尼乐园开业的前一年），枫丹白露大饭店是迈阿密海滨最大的商业建筑设施。该酒店的一位发言人宣称：“每个人到这里都会觉得眼花缭乱，就仿佛脚下有个银光闪闪的大唱盘，让人转得晕晕乎乎。”接受《纽约客》采访时，拉皮杜斯说道：“走进酒店大门，就是一个五花八门的拼图大世界！只管兴高采烈地享乐吧！”《迈阿密先

林德霍夫城堡中的维纳斯洞窟。路德维希国王有时乘坐一艘特别制作的小船，在这个装饰俗丽的洞穴中享受水上观光。

驱报》则在报道中设问："只能说庞大吗？应该还有一个更大的词来形容。"

委托方的意愿是要拉皮杜斯将酒店设计成"法国外省地方风情"，因为开发商本·诺瓦克（Ben Novack）的妻子有一次在欧洲度假，对那种外省风格颇为心仪，但拉皮杜斯却没有听命。他把这件作品描述为"毛茸茸的狂野摩登派"，他还专长于那种被他称为"皮领圈"的空间形态，这里指的是在建筑主体上开出的洞穴状结构，让人联想到瑞士埃曼塔尔干酪上的特色孔洞。

在简和迈克尔·斯特恩（Jane and Michael Stern）夫妇的《坏品位百科全书》（*Encyclopedia of Bad Taste*，1990）中，对枫丹白露大饭店的俗艳夸饰进行过风趣的嘲弄和描述。一间可容纳800人的大餐厅，还带有一个液压控制的舞池。成吨的红色天鹅绒用于这座14层高的水泥钢筋结构大厦的内部装饰，里面还有镀金的仿冒洛可可式镜子和镀金的货真价实的欧洲古董。酒店餐厅经常在特色菜品上浇上白兰地点燃后列阵端出，引起一片哗然喧噪。第一届环球小姐赛事在此举办，而1960年，猫王埃尔维斯·普雷斯利（Elvis Presley）服兵役归来，重返舞台的第一站也是这里。酒店还有一个洞室大空间和一座人工湖。

洞室与人工湖，还有诞生即死亡的那种气息，当然再加上仿冒赝品的存在，这些几乎是媚俗定义中的必备元素。迈阿密枫丹白露大饭店可谓代表着20世纪媚俗风尚的黄金标杆，但与历史遗产也有着直接的传承关联。

上图：在20世纪中叶的美学行家看来，飞鸭已经成为可悲的下层品位的完美象征。这些工业化量产的鸭子在创意理念上是源于19世纪出现的第一代垃圾山寨装饰品。

右页和次页图：圣路易斯奥比斯波的玛多娜酒店对冗余过度的俗艳装饰不遗余力。酒店1958年建成，1966年遭火灾焚毁，但玛多娜家族随后重建酒店，并决意要呈现一种令人目瞪口呆的"惊艳"效果。酒店房间都有着浪漫的主题，用了诸如"神马雅虎"、"九重云天"和"丛林巨石"等作为客房名。

London Bus & Taxi

右图：夏尔·波德莱尔肖像（1855）。这位诗人解释道："丑的愉悦……是一种对未知事物的渴望，还有对可怕糟糕之物的喜好。"

左页图：伦敦街头的纪念品摊档。马克思主义历史学家埃里克·霍布斯鲍姆（Eric Hobsbawm）曾说过，越是没受过多少教育的人群，就越是可能会表现出喜欢花哨装饰的倾向。

莫里斯·拉皮杜斯对剧场、幻象、夸张狂野、壮观惊人的形态和仿冒的效果都情有独钟。而这一切，我们可以在欧伯阿莫高附近的林德霍夫城堡（Schloss Linderhof）中看到，巴伐利亚的"疯子"国王路德维希的这座宫殿最大的特色就是其中的维纳斯洞窟与地下湖。

某种程度上，路德维希将自己视为法王路易十六的翻版，而林德霍夫中也有一个镜厅，那是路德维希的凡尔赛宫，只是规模稍逊。路德维希的卧室朝北，这是因为他将自己的风格确定为"夜晚之王"，与"太阳王"（le Roi Soleil）正好相反。地下洞穴中设有水道，坐在金色天鹅造型的小船上，让仆役划船载他在洞窟中观光，这位"夜晚之王"觉得非常享受。意大利卡普里岛的蓝色洞窟则颇为浩大，各水域的照明灯也竞相辉耀，二十四台发电机一起开动才能点亮这些灯盏。但媚俗并不一定需要这么壮观的排场，普雷斯利脱掉卡其布军服，在迈阿密换上夏威夷花衬衫的那一年，肥皂剧《加冕街》（*Coronation Street*）也在英国开播。

这里，我们要谈谈普雷斯利与飞鸭之间的关联——长期以来，人

上图：洞穴人小侏儒（Troll），由一位名叫托马斯·丹（Thomas Dam）的丹麦木雕师兼渔夫创作于1959年。此雕像让好几种审美解释的设想或企图都无计可施，难有定论。假如是以新古典主义关于美的概念为蓝本，那设计出来的玩偶很可能就大大不如这种绝非标准美的形象受欢迎。

们对此都怀有疑虑。1960年，《加冕街》开播时，艾尔希·坦纳（Elsie Tanner）在位于加冕街11号的房子中放有飞鸭小装饰，一组三只。希尔达·奥格登（Hilda Ogden）住在同一条街的13号，她家房子的“壁挂”中，飞鸭也是一个重要元素。而该剧中出现飞鸭，是因为家居商场哈维斯氏（Harvey's）赞助了此剧拍摄，飞鸭作为该商场符码，是植入式广告。2000年，“大富翁”（Monopoly）图版游戏的一个特别版推出，以庆贺《加冕街》播映40周年，飞鸭与剧中其他经典标志物，比如艾娜的发网、贝特的耳环与贝蒂的“一锅乱炖”大菜，一起出现在图版上。

关于豪华风格的媚俗，另一个经常进入镜头的俗艳大本营就是加州圣路易斯奥比斯波（San Luis Obispo）的玛多娜酒店（Madonna Inn）。翁贝托·艾柯在《山寨赝品的信仰》（*Faith in Fakes*，1976）中描述过他参观该地的经历。艾柯提到酒店那“吉露”（Jell-O）果冻般的色彩，还融合了威廉·泰尔式大厅、巴洛克式胖天使形象、珍珠母内壳式台盆、带有阿尔塔米拉岩画细节图案的厕所、拜占庭式廊柱、提洛尔人风格的暗示等元素。酒店的装饰氛围还指涉到卡门·米兰达（Carmen Miranda）、邓南遮（d'Annunzio）、丽莎·明尼里（Liza Minnelli）、LSD迷幻药、高迪（Gaudí）与阿尔伯特·施佩尔（Albert Speer）。业余的媚俗爱好者与研究者或许还想去“多莉坞”（Dollywood）一睹为快，那里是多莉·帕顿（Dolly Parton）创办的“烟雾大山家庭游乐园”，修建于田纳西州“鸽子铁匠铺”（Pigeon Forge，音译“皮金福吉”）附近125公顷苍翠茂密的林地上。在皮斯托亚，还有一个匹诺曹主题公园。我初次游访帕多瓦时，是去看加佩拉角斗场（Capella Arena）里乔托的壁画——那是文艺复兴艺术的起始点，却意外看到在一个交通转盘环岛上，用花草种出了一个唐老鸭的侧影轮廓形象！

回到英国本土，伦敦的任何一个纪念品货摊都足以构成一座不折不扣的民间媚俗博物馆。这些地摊货如此天真、笨拙而粗陋，在某个工作日的下午，当左拉笔下的娜娜走过这里，估计会跟波德莱尔一样对这些东西喜不自胜。那些看上去物种难辨的动物造型软体玩具，身上还裹上米字旗图案的小衣服，还有式样新奇乖异的T恤和中国生产的塑料材质再电镀的大本钟。这里只是简单描述一下以表声讨而已，不必去借助和引用那些复杂玄奥的批评语汇或者分析手段与方法。

2009年，在伦敦的弗朗西斯·凯尔（Francis Kyle）画廊，著名的室内设计师乔恩·威廉斯（Jon Wealleans）举办了他的绘画作品展。威廉斯用“粗仿”（即媚俗，kitsch）和“厨房”（kitchen）这两个发音相近的词大玩文字游戏。以一种中立的目光、稳定镇静的笔触，再加上幻彩荧光颜料的运用——这种颜料令人蹙眉，用在绘画中也颇具难度，但威廉斯对此却有着令人惊愕的偏好，他细致入微地描绘出厨房水槽与沥水挂板之类的日常生活用品。威廉斯的作品呈现出一种灼热逼人的可怕艳俗气息，让人觉得晕眩不适，简直难受欲吐，拥塞凝滞的空间中更传递出一种沉闷无声的喧噪。他的这些异乎寻常的画作是对人类恶俗山寨品位的个案分析，而这种低俗的特质是那些令人不安的具体丑陋之物的实际使用者自己也明确意识到的。所有的低俗元素展露无遗，一目了然。

低俗山寨也可以是滑稽有趣的。我们来看看斯特恩夫妇的《坏品位百科全书》，（部分地）列举一下该书目录页的内容，可以为当代的花哨庸俗大潮提供一份权威的注解，而且这份目录摘抄本身，读起来也颇欢腾热闹，让人忍俊不禁。目录如下：喷剂式罐装奶酪、蚂蚁养殖场、人造草皮、艺术效果牛仔布、健美运动、（丰满的）乳房、工艺蜡烛、雪松木制小精品、吉娃娃狗、（人造的）圣诞树、幻彩荧光漆、恐龙主题公园、漂泊天涯、“猫王”纪念物收藏热、仿制皮草、女用清洁香氛喷剂、极端指甲造型、油炸鱼排、毛绒骰子玩具、惊悚与古怪新奇风格（小礼品）、夏威夷花衬衫、希腊餐厅、慢跑服、拉斯维加斯、草坪装饰物、休闲装、豹皮、（钢琴家）列勃拉斯热潮、豪华轿车、艳色领带、流苏花边、大型购物广场、黑樱桃酒、肉类休闲小食、高尔夫练习场、拖车式移动房、尼赫鲁式上装、摇头玩偶、花式摔跤、塑身内衣、多莉·帕顿（见前述）、（大型的）胡椒磨、宠物服装、人造纤维纺织品、波利尼西亚民族饮食、贵宾犬、躺椅、长绒地毯、玻璃雪花球、午餐肉罐头、海陆双拼、纹身、动物标本、洞穴人侏儒玩偶、塑料保鲜盒、独角兽与彩虹、丝绒画、蜡像馆与白色口红。

那么，为什么说以上所有玩意儿都是丑的呢？只要回头看一下帕佐瑞克关于恶俗品位的定义原则就会明白。

7 垃圾或无用的禅宗

丑怎么会是鼓舞人心、激发灵感的？贫困会约束和遏制美吗？乌托邦可以设计吗？

一提到过去，我们就会把往昔伤感化。这是我们很熟悉的一个人类固有的特性，我们还倾向于把它说成是“自然而然的”……但就是不会说这样做是愚蠢的。其实这并不是自然的，而是矫情造作的。我们对于过去的观点或态度实际上是人为艺术的产物，就像一幅祭坛画，或一首交响乐，或一个三分钟长的通俗小调，都是设计创作出来的。

人们经常会莫名其妙地假想，世间万物过去的状态要比现在好。有一种幻想认为，如今的城市是污秽之物与污染物构成的巨大引擎，不断排放出有机磷酸盐毒素，空气中大量的含铅微粒在毒害着市民。如果不能重新回到一个未遭损害的纯净自然的环境——恐怕只存在于虚构设想之中，人类就摆脱不了危险，只能面对一个悲惨的局面，而那个地狱般的结果则是可怕的神经病、精神紊乱、摊手垂足的瘫痪麻痹症、手舞足蹈的疯癫病和植物人似的昏迷症组合成的恐怖大杂烩。

不过，请稍等。1900年，在曼哈顿城区估计有约十万匹马为城市运转服务。这些马并无专用的冲洗和便溺场地，也没有严格的卫生清洁设施或体系——后面这一点，当时很多的纽约人也处于同样的景况。每24小时，每匹马排泄的粪便是9千克左右。炎热季节，每匹马每天饮用的水则多达95升，而这些水并非全部会转化为汗水蒸发掉。因此，曼哈顿的大道与横街都充溢浮荡着“自然的”气味，而且不仅是固体马粪的气味。

居民生活的垃圾都堆放在人行道上，排水沟的肮脏污秽因此可想而知。此外，还有“夜大黄”（night soil）的问题。当然，这个表述只是出于优雅之故，在字面上回避粪屎的现实。一种名为“沉默小秘密”（Mum）的腋下香体膏做到了商业化生产规模，于1888年推向市场，但直到世纪之交也根本没有被人们普遍接受。1900年的纽约，到处是垃圾和臭水沟。相比之下，今天的曼哈顿就像格拉斯一间微风吹拂的晚香玉精油萃取工坊一样芬芳宜人。现在的纽约好，还是过去的好？

全部文明的品质与发展愿景，也许可以通过其所产生的垃圾以及人们对垃圾的态度来加以判断。服务于环卫清洁的垃圾压缩装运卡车，每周都在市区慢吞吞、循环往复地开动，一路清理掉那些370升容量滚轮垃圾桶中的废臭污物，让诸如甜麦圈、玉米片之类的空包装盒回收转化到一种自然形态。要看到垃圾车中蕴含的大美，或许需要非常专业化的审美趣味或功力，但这种机械化的垃圾车的“芭蕾”表演肯定会让古人——比如西塞罗（Cicero）或者歌德——瞠目结舌的同时还沉醉不已。垃圾不再像过去

上图：20世纪最初十年间，从布鲁克林观看曼哈顿的景观。19世纪晚期的城市中，河水、排污沟与街上的动物一起发出的臭味，在今天的人们看来大概无法想象，也难以置信。

次页图：詹姆斯·提索特（James Tissot）的硬笔墨水纸上素描《古墓，欣嫩子谷》（*Ancient Tombs, Valley of Hinnom*，约1886）。在《圣经》时代，基锡拿被认为是地狱入口，但那里实际上是一处阴燃冒烟的垃圾场。耶稣本人与约翰·弥尔顿都注意到了该地启示录末日般的视觉特质。

那样，只该受到冷眼和抵触。垃圾甚至可以是神圣的。或者至少说，垃圾固然恼人，但也有趣。

耶稣与垃圾填埋场

我们对于垃圾的感知概念、对于丑的概念，与我们对于地狱景象的认知——实实在在地说，这样的认知可以回溯到《圣经》时代——之间，有着一种关联。这种关联或许揭示了人类心智中一个固有的联想组织结构，而该结构早就存在，早于后天习得的文化教育在脑中形成的信念和成见。废物与污垢或许是“自然的”，但人类在本能上就对此有排斥反应。

耶稣对垃圾有所了解，并把垃圾用作一种告诫警示，一种象征。在《对观福音书》中，耶稣有十一次明确提到了基锡拿（Gehenna）——耶

路撒冷南方不远处的欣嫩子谷。最初这里是杀害儿童献祭给基锡拿火神摩洛克（Molech）——这位邪神危险凶暴，而且奇臭无比——的场地，后来逐渐被认为是通往地狱的等候室或前厅。这里并非是死者得到魔鬼安置的地方，而是恶人受惩罚的场所。伊斯兰教概念中的地狱“耶哈纳姆”（Jahannam），就是直接由基锡拿衍生而来。

不过，欣嫩子谷其实不是地狱，而是一处垃圾场。动物尸体、罪犯的尸体和废物都被弃置在这里。就像埃塞克斯郡或新泽西州的某个垃圾填埋场一样，《圣经》中的欣嫩子谷也曾阴燃冒烟。不过，在《圣经》特有的铿锵庄严的语言感召下，人们已经在假想中认定基锡拿并非腐败解体的生物体的弃置地，而是永恒之火燃烧着的罪恶之地。在耶稣眼中，这里的景象充满着可怕的警示与告诫。约翰·弥尔顿也注意到了这个地方，他写道：“此地叫做黑色的基锡拿，就是地狱般的模样。”如果垃圾有着如此震撼的力量，那么也一定有其自身的意义。

在垃圾中还是有可能发现一种奇异的美，或至少是一种迷惑的魔力。在美国图森大学，考古学家威廉·雷斯叶（William Rathje）已经引导学生去关注一门新学科——垃圾研究（garbology）。这门学科是对垃圾进行“肠占卜”*（haruspicy）。学生们与研究者耙梳整理那些腐烂的碎屑，去寻找意义。他们能对牛奶的硬纸板包装盒加以深入诠释，就像更传统的考古学家们对陶瓷碎片或者燧石箭头做出阐述那样。雷斯叶的“垃圾学项目”已经建立起一套训练和研究的方法论体系。课程中所用到的物证在拿出来分析之前都先深度冷冻，这样更便于细察研究，并且也是为了保护健康——深冻之后卫生清洁的程度会好一些。

关于垃圾的全部理论和研究实践有着某种特定的怪异之美。就拿垃圾填埋场来说，其最早的根源在基锡拿，但又变成了一个显然是20世纪的物质现象，它是对地狱般污秽丑陋之物的坦白呈现，而19世纪的社会与艺术批评家们已经心怀恐惧地对此进行过预言，认为这是工业化的糟糕后果。可以想象，垃圾填埋领域的专业技术是在美国形成的。尽管专家们也有争议，但世界上第一个现代垃圾填埋场或许就是1904年在伊利诺伊州香槟市建成的。两年之后，又建成了俄亥俄州代顿附近的垃圾填埋场。此外，跟很多当代事物一样，二战也给垃圾填埋业带来了一种特殊的发展动力。1945年之后，多余的空军基地与军事营房都要被处理掉，美国陆军工程兵于是快速成长为垃圾填埋的行家里手。

基锡拿恐怖可憎，但纽约斯塔顿岛上的清水溪（Fresh Kills）垃圾填埋场——曾经是世界上最大的垃圾场，却有着一种催眠般的特质，诱使人们联想到美。在那本名为《基础设施》（*Infrastructure*，2005）的宏伟大作中，作者布莱恩·海斯（Brian Hayes）写道：

“上前靠近去看，吸引目光的是那些在阳光下闪烁或在风中摆动的东西……我最多注意到各种磁带，既有窄窄的录音带，也有宽一点的录像带。这些磁带缠绕附着在垃圾场所有的东西上，被风吹起，舞动在垃圾堆上方，点缀着场边的围栏，就像圣诞树上的金银色箔片丝缕……如果拿葡萄酒来打比方，我的描述就应该是，浓郁的古怪果香、酸腐、带有草的味道、有点熟过了头。”

*调侃说法，意即某些学科匪夷所思。这里指研究垃圾的可能性内涵。

上图：牛津基布尔学院，威廉·巴特菲尔德（William Butterfield）设计（1870）。该学院的建筑设计可算是一个广告，为天主教圣公会的“牛津运动”助威呐喊。学院那扎眼的红砖故意与牛津大学常见的建筑用料——宁静而文雅的蜂蜜色的科茨沃尔德丘陵石材（Cotswold）——构成强烈的反差。墙面上那犬齿耸凸般的条纹，还有那多色搭配的哥特复兴式风格，导致很多人认为这是拉斯金的设计，因为他是哥特式风格的倡导者。

次页图：工业化的消费主义的终极生成物就是垃圾填埋场。最早的垃圾填埋场于1904年出现在当今的伊利诺伊州香槟市。垃圾平均价值约100美元/吨。

那样的景象出现在20世纪90年代。现在，飘舞的磁带则被废光盘那斑斓驳杂的虹彩反光和旧电脑的哀歌乱阵取代了……这些电脑曾经是那样的智能，如今则是呆傻沉默的电子废物。垃圾填埋场是消费主义的废墟，同时又透着一种诗意和哀婉悲歌的气氛。

对于那些有意和准备前往的参观者，垃圾填埋场自有着别样的美学特质，而有些人真的能够而且确实发现了这种审美价值。它并不只是一个充满秽物的静态的巨坑，还是一个动态的生物反应堆。为了证明垃圾研究可以成为一门学科，一些关键的学术评鉴术语已经得到采用，以此来深化推动专家群体之间的对话。比起新兴的垃圾学，这些术语当然就更复杂了。卫生专家们区分了trash与garbage这两个词，前者指干性垃圾，后者则是潮湿的垃圾。还有MSW这样的缩略词，指城市固体废物。知道什么是RDF吗？它是指废弃物衍生燃料。挖好用于填埋垃圾的巨坑后，坑里还要铺上土工布织物膜。每天一层层的城市固体废物被填埋进去，再在其上铺土。垃圾中的腐烂物质可能会衍生出一种听起来很不舒服的所谓的“渗滤沥出液”。在整个垃圾堆体系中，这样的渗滤过程反复循环，来保持一定程度的腐烂变质动态进程。

QUEEN VICTORIA AND HER PEOPLE

左页图：乔治·吉尔伯特·斯科特爵士（Sir George Gilbert Scott）设计的阿尔伯特亲王纪念塔（设计于1863年）。这座纪念塔一直是对审美品位的一个考验。19世纪的哲学家R.G.科林伍德曾说此塔“从视觉感官而言，显得畸形、怪诞、堕落、跌跌撞撞，而且卑鄙污浊”。

巨坑满了之后，垃圾填埋物被覆盖好，一切仿佛完成了改造，又恢复为土壤。垃圾场通常都被认为是煞风景的碍眼之物，但反铲装载车那芭蕾舞般上下挥动的翻斗，还有“废物→能量”这样一个方程式所体现出的绝妙卓越的逻辑，却让垃圾场变身为有着乖异美感的景物。垃圾也有经济价值，一吨甚至可值一百美元。这是有人愿意出的价钱——只要你把这吨垃圾运走处理掉：利用垃圾也能做大笔生意，这里面有着一种奇怪的负面智力。一堆堆的垃圾中，确实存在着一种禅宗特质。

废物是生活的副产品，正如垃圾和污染是城市的副产品，因此对这些东西持有正面的积极态度是合理的。但有时候，或许也是经常地，穷困的景况会产生美。诺曼·刘易斯（Norman Lewis）在漫游安达卢西亚时注意到了这一点：贫困与苦难明确地激发了“白色村庄”（pueblos blancos）那令人愉悦的整洁风格。不过，这里有一条原则，那就是不能局限于偶然或孤立的观察所得出的结论。马丁·海德格尔（Martin Heidegger）曾经写道：“在贫乏的时代，诗人是富有的。”但有时候，贫穷窘境产生的是丑陋的情景。差别何在？

一种支配性的低能气氛

拉斯金相信，“完全和绝对的丑是很少见的”，不过，这种看法也并未能阻止他的忧虑，他非常担心自己将很快陷入绝对丑恶这一大泥沼中。这或许可看作是拉斯金后来那日益令人恼火的自我矛盾性的一个例证，但他关于丑的这一忧心的评论，其中的感觉是没错的。一旦开始寻找丑，一旦试图将丑隔绝起来并加以定义，你会发现丑变得与美几乎同样地飘渺易逝，难以捉摸。你越是费神去思考丑，你可能就变得越是信服这一点：丑的定义并非取决于事物的表征，而是有赖于它的哲学实质。

拉斯金的观点虽然尖锐刺耳，但他自己却与一处丑的汇聚地有着关联——这可是要有“诗意的头脑”才能想象到的。1927年上半年，肯尼斯·克拉克（Kenneth Clark）还在撰写那本优雅而具有先驱开拓意义的专著《哥特的复兴》（*The Gothic Revival*）。他注意到，当时人们一致认为牛津的基布尔学院（Keble College）是由拉斯金设计的。另外一个几乎得到同样一致认可的观点就是：这是世界上最丑的建筑。不过，这栋楼的建筑师实际上是威廉·巴特菲尔德。他以一种名为“神圣斑马纹”的多色砖头组合——可惜这样的组合看上去让人很不舒服——的风格来设计基布尔学院建筑。这也是维多利亚时代一种自觉自知的社会运动——关注群体的共同身份，意在为“牛津运动派”*（Tractarians）那对抗性的宗教姿态做广告。说到对丑的形而上的抽象思辨，以及基布尔学院在论辩中的地位，我们就不得不提到牛津的礼拜堂学院（College Chapel）是由威廉·吉布斯（William Gibbs）资助的，而吉布斯是将在秘鲁收集来的鸟粪进行商品化营销后发财致富的。

论及对抗，拉斯金自然有很多话要说，以对巴特菲尔德那自信独断的建筑风格加以肯定和褒扬。关于伦敦的万圣马格丽特街道，他写道：“这是我见过的第一座……完全摆脱了所有胆怯或无能懦弱迹象的建筑……与

* 牛津大学部分教授发起的宗教复兴运动，提出重整天主教的礼仪与教义。

任何时代最华贵高尚的建筑相比，它也无惧无畏。”同样是那种全无胆怯的自由感，让同时期的阿尔伯特亲王纪念塔（Albert Memorial）成为对品位的另一个挑战和考验。纪念塔出自斯科特（Scott）之手，表明了他对那位已故亲王的诚挚敬意和追怀。在肯辛顿花园一带漫步时，哲学家R.G.科林伍德（R. G. Collingwood）发现，这一纪念物“从视觉感官而言，显得畸形、怪诞、堕落、跌跌撞撞，而且卑鄙污浊”。

也许，正面的肯定与颂扬之情过度饱满，只会让一座建筑呈现丑态。如果整座城市都让人讨厌或感到排斥，那么确切的原因又是什么？在那本文辞优雅、遍布深思洞见的旅行笔记《卡尔斯之旅》（*Journey to Kars*，1984）中，菲利普·格雷兹布鲁克（Philip Glazebrook）用令人过目难忘的一长段文字描述了他造访土耳其城镇孔亚（Konya）所体验到的糟糕不安的感受。莱亚德（Layard）与米特福德（Mitford）在考古探访中也有相似的感受。格雷兹布鲁克到访时，一场狂暴的伊斯兰运动恰好爆发。军事力量在该地的存在固然会引发一种惶恐不宁的心理和社会局面，但让孔亚显得狰狞丑恶的，却是远比喧噪的军方直升机或激昂暴怒的伊斯兰圣战斗士更为隐晦和含蓄的某样东西。格雷兹布鲁克发觉这座城镇仿佛命悬一线，随时会消亡，同时又无情无义，与外来者水火不容、毫无瓜葛。这里缺乏那种东方的神秘感。于是，他开始疑惑：人们对地理场所的反应到底是直接实际的，还是出于衍生联想？让人们感到排斥的，是具体事物，还是念头或想法？

或许，因为人们很明显地关注这些因素——相互冲突的文化及相异的审美观、旧经济模式与新经济形态的差异、两种经济体截然迥异的优先侧重点以及种族间的矛盾碰撞，所以土耳其经常会激起外界评论，评论所忧心的则是现代的丑已经侵蚀了这个国家，而土耳其首先是被假想为处于一种更古老和纯真无瑕的美的状态。土耳其的现实严重影响了一位伤感而动情的更早期的作家——以东方情调闻名的情色主义者皮埃尔·洛蒂（Pierre Loti）。他说道，对于当代生活的迟钝麻木，只有报以痛苦的哀叹，而“白痴般的投机者”已经毁灭了博斯普鲁斯海峡。1900年，洛蒂写道：“优雅高贵的安纳托利亚轻骑兵已经被美国的某个研究学会弄得面目全非。这一学会有着一种阴险恶毒的丑陋，以一种支配性的低能气氛将自己凌驾于小亚细亚的古堡之上，将丑强加于这片土地。”他对过去缅怀沉思，继续写道：“可怕的新建筑侵入并折磨着这片古老的土地，工厂烟囱在清真寺的尖塔旁耸起。比起那些尖塔，烟囱只是可鄙的变形漫画。”

在城区与近郊区那划时代的丑陋景观形成的过程中，土耳其也建立起并持续着某种传统。如今，土耳其的国有住房安置机构——住宅发展管理委员会（TOKí）——面临着这样的难题：大量贫民涌入城市，而城市则缺乏相应的接纳处置能力。（1960年，伊斯坦布尔的人口不足200万，到了2009年，已经上升至超过1200万。）为了应对城市人口激增，样式贫乏单一的高耸的大楼在全国81座城市中陆续涌现。这些大楼不管当地情况的具体差异，一概使用相同的设计。标准化的低层建筑居住区也出现了，这让土耳其东北部僻远的卡尔山脉（Kaçkar Mountains）因此而风光减色、魅力不再。

右页图：伦敦卡尔顿宅邸廊台。《装饰法则》（*The Grammar of Ornament*，2008）的作者欧文·琼斯说道，这个廊台证明了“一个多年来明显的决断和倾向，那就是伦敦不该有外在形态的建筑美”。

次页图：利物浦加斯顿港斯达尔布里奇码头（Stalbridge Docks，1906）。拉斯金警示说整个大不列颠将“密布着烟囱，就像利物浦码头边挺立的帆桅那样”。

SOIT QUI MAL Y PENSE

乌托邦、反乌托邦和暴政之邦

乌托邦（utopia）这一概念的产生要归功于托马斯·莫尔（Thomas More），而另一个不那么讨人喜欢的概念——反乌托邦（dystopia），则要归功于约翰·斯图亚特·穆勒（John Stuart Mill）。至于暴政之邦（cacotopia）的概念，则归功于杰里米·边沁（Jeremy Bentham）。就像边沁一样，很多人都误解了莫尔的乌托邦（意为乌有之乡），将其诠释为优托邦（eutopia，即好地方），这是由于两个词有着相同的发音。暴政之邦则指某个地方，那里的一切都是可怕糟糕的，或者说是反乌托邦的。

关于反乌托邦和暴政之邦，我们的构想与理解都持续地透露出我们对于美的成见，对于丑有可能控制和支配美所怀有的忧惧。狄更斯笔下的焦炭镇（Coketown），除了是一个"现实的胜利"，原本也还是"一座红砖城镇，或者说那里的砖墙本应该是红色的——只要烟雾和煤灰还略微手下留情"。煤烟让维多利亚时代的美学家们惶恐不已，正如碳排放让今日的环保主义者如坐针毡、忧心忡忡。但维多利亚时代的灾难景象，并非总是要用脏来定义。那个时代的精神主调虽然是无止境的创新发明，但新奇花哨之物却通常还是被认为是险恶和丑陋的，即使约翰·纳什（John Nash）设计的明亮奶油色的卡尔顿宅邸廊台也是如此。根据拉尔夫·达顿（Ralph Dutton）的《伦敦家宅》（*London Homes*，1952）的陈述，在欧文·琼斯（Owen Jones）看来，纳什创造的略有些玩世不恭的嬉闹气氛、同时又有些品性不良的古典主义，"重复了一个多年来明显的决断和倾向，那就是伦敦不该有外在形态的建筑美"。

工业化是拉斯金眼中的噩梦，他经常以旧约式庄严夸大、雄浑顿挫的音韵来表述他的忧患意识。没有什么例证文字比他的《两条路》（*The Two Paths*，1859）表现得更明显："整个岛国……都密布着烟囱，就像利物浦码头边挺立的帆桅那样，鳞次栉比。这里将没有草地，没有树木，没有花园，只有可怜的小片谷物长在屋顶上。四面升起的蒸汽来收割谷物并脱粒。甚至修建道路的空间都没有，要出行，只好借由高架桥在屋顶之上通过，要么就借由隧道在房屋地下经过。空中聚集的烟雾让阳光失去了照明作用，人们只能在煤气灯的光线下辛苦劳作。英国的土地将没有哪一块不被工业的传动轴和引擎占据。"

漫长的黑暗通道

具体是什么样的经验让拉斯金认定现代世界中充满丑或者说有着这种丑的潜在可能？他是从什么样的体验中联想到如此的噩梦景象——人们被迫在隧道中穿行？如果没有弗洛伊德（Freud）的洞见，拉斯金关于这一梦魇前景——漫长的黑暗通道——的警示，或许就会被一读而过，而不会被解读成是他那微妙的性观念的提示。

约1825年，钻杆在泰晤士河畔第一次转动，布鲁奈尔（Brunel）设计的河底隧道开挖。从那时起，在概括意义上而言，地下工程成为进步及其所带来的问题的一个象征。矿井，从工程技术角度来看是隧道的近亲，

右页图：伦敦前所未有的新隧道和修建中的新地铁，攫取了大众的目光，激发出各种想象。有人不由得设想这是通往地狱的前厅或等候室。拉斯金忧心，有朝一日所有人都将被迫在地下生活。由亚历山大·宾尼（Alexander Binnie）设计和监理的"黑墙隧道"（Blackwall Tunnel）长达1889米，当年开放使用时，是世界上最长的（河底）水下隧道。

次页图：马克·伊萨姆巴德·布鲁奈尔（Marc Isambard Brunel）主持设计的泰晤士河隧道在1825年开工，建设过程中偶尔发生水浸，直到1843年才最终完工。开放首日，约五万人从隧道穿行体验。

THAMES IRON WORKS &
SHIP-BUILDING Co BLACKWALL

WAPPING

上图：爱德华·伯恩-琼斯爵士的象牙板材上油画《爱神引领朝圣者》（1896—1897）。此为A.柯尔西·拉里（A.Corsi Lalli）在19世纪末所作的复制品。与拉斯金一样，伯恩-琼斯也厌恶当代世界，即便工业科技取得了不可思议的巨大成就。每看到一根电线杆，他就多画一个天使。

被描述为孕育工业革命的子宫——这又是一个性隐喻。对煤炭的需求量越来越大，矿工们在地下世界中也挖掘得越来越深，这让那些敏感者不免以一种戏剧性的象征视角来看待这种进程。狄更斯笔下的焦炭镇是一派地狱般的景象："到处是油液那滚烫的气味，令人窒息。"而"钻杆、传动轴和轮子的呼啸飞旋"则让人们震耳欲聋。

1862年5月24日，伦敦第一条试验性地铁从艾奇威尔路开出。出席首乘的名流绅士们在高顶礼帽上写有各自的编号，比如，"大人尊驾"威廉·伊沃特·格莱德斯顿（Rt. Hon. William Ewart Gladstone）是16号。拉斯金没有参加试运行。罗伯特·希维逊（Robert Hewison）是研究拉斯金的世界级权威。他说，既然拉斯金非常富有，就很可能对地铁不屑一顾，而依旧乘用出租马车。问题在于，拉斯金是否搭乘过马车，却并无记录。拉斯金曾猛烈炮轰、严厉谴责在湖区修建的新铁路。不过，他每次倒是照样乘火车到布兰特伍德，去位于科尼斯顿湖畔的乡间居所。要追求一致性和连贯性，那是一种幼稚的念想——当然如此。

在黑色洪水中挣扎，连方舟都没有

北部乡间的世外桃源青葱蓊绿，还未被工业油液的灼热气味和恶魔般的机器的飞旋呼啸所侵染。在这种环境下的湖滨居所中，从一片可谓是奢侈享受的幽暗宁静中望向远方，拉斯金可以舒适自在地思索关于丑的问题——这东西威胁着要席卷一切，要吞噬他本人和那些运气比他差、与乡村度假无缘的同胞们。煤烟造成的脏黑污秽，还有齿轮咬合和活塞发出的噪音，都无疑是被诅咒的命运前景的展示，昭然若揭、清晰可触。再者，同时也是尤其有趣的一点，就是在拉斯金的"魔鬼研究"（demonology）中，活塞怎么会占据如此重要的位置。因为活塞是装置于注有润滑油的套筒或汽缸中（之前提到的热油气味便是来自这种润滑运动，而灼热油汽在此取代了硫磺烟火，作为恶魔存在的标

左图：艾菲尔铁塔的早期幻灯片资料（约1900）。当时著名的巴黎知识精英谴责此塔是一根"用螺栓连接紧固的铁块构成的可恶大柱子……无用而怪异丑陋"。

左页图：安东尼·特罗洛普（19世纪英国作家）说道："人们理所当然地认为，澳大利亚是丑陋之地。"在《澳洲之丑》（1960）中，建筑批评家罗宾·博伊德（澳大利亚人）陈述道："澳洲之丑始于一种对现实的恐惧。"

次页图：位于威尔士贝茨柯德（Betws-y-Coed）的一栋丑陋的房屋。在绝美的自然地貌与人工之美之间，并无一致性的关系。实际上，只要检视一下斯诺多尼亚（Snowdonia）山区的本土建筑，就会发现其所暗示的结论恰好相反：人类对壮伟至美自然环境的反应通常是乖戾而粗暴的，并带有对抗性。

志），所以拉斯金或许从未亲眼见过活塞。但他潜意识中对活塞运动——那重复循环的插入与回撤、那种永不疲倦的神秘性能量的象征——的警醒或觉察，却无疑是不可否认的。

物质之丑与新型城市的可怖是19世纪反复出现的一个观念主题。1874年，在一份名为《国家改革者》（*National Reformer*）的唯物主义无神论杂志上，被贫困、失眠和酗酒逼到绝望边缘的诗人詹姆斯·汤姆森（James Thomson）发表了《恐怖夜之城》（*The City of Dreadful Night*）。诗中写道："哦，忧郁的兄弟们，黑啊，黑啊，黑幽幽！哦，在黑色洪水中挣扎，连方舟都没有。"在《抨击与谩骂选集》（*Anthology of Invective and Abuse*，1929）中，休·金斯米尔（Hugh Kingsmill）说，汤姆森的绝望"来自比理性或智力范畴更深层的因素"。实际上，这种绝望出自他对维多利亚时代城市的审美经验，这些城市在黑色洪水中挣扎。

在这一阶段，科技还没有被融入文化，构成文化可能性的新因子。因此，即使电报，这一既无煤烟又无活塞的新事物，也被认为是对文明的威胁。前拉斐尔派画家爱德华·伯恩-琼斯（Edward Burne-Jones）与拉斯金的个人立场一致，对现代世界的很多方面都表示厌恶。他也认为自己的艺术是受早期文艺复兴的启迪。虽说不是基督徒，伯恩-琼斯却以一种风格化的救赎姿态来对抗工业进步那冷漠无情的进军步伐。他说，只要看到一根电报电线杆，他就多画一个天使。设想一下，他在画最后一幅杰作《爱神引领朝圣者》（*Love Leading the Pilgrim*，1896—1897）里美丽的金发天使时，并非是从《圣经》典籍中获得灵感，而是因为看到了一根经过木馏油处理的落叶松电线杆，这是多么耐人寻味。

逃离城市之丑恶，这一主题的修辞表达有时会找到非同寻常的目标载体。即便是铿锵华丽状态下的拉斯金，在流行小说家奥维达（参见第94页）纵情恣肆的夸饰风格面前也相形见绌。她的《评论研究》（*Critical Studies*，1900）中收录了一篇广受忽略、但文风生动、意象活灵活现的随笔，题为《现代生活之丑》（*The Ugliness of Modern Life*）。奥维达将对纳什的批评指责与现代城市生活方式结合起来，她写道："让画家和诗人生活在摄政公园是不可能的。维里耶大道（Avenue de Villiers）、克伦威尔路、民族大街（Via Nazionale）或者英国以及欧洲大陆城镇中新涌现的居住区，都不适合这些人生活，除非他们审美的本能已经麻木迟钝和退化。"

与此同时，阿姆斯特丹则是一个"现代重要性和现代之丑所汇聚的无意义的巨大集合体"。不过，奥维达尤其讨厌的是欧斯曼（Haussmann）所主持设计的巴黎和现代街道的单调沉闷。当然，在另一个人眼中，巴黎的这种风格则是赏心悦目的，对称、整齐而连贯一致。奥维达（基于未知的模糊证据）猜测，欧斯曼设计的那呆板无趣的墙体背后的采光井中满是恶心的寄生虫，一边蠕动，一边狼吞虎咽。住在一套"平板公寓"中，这种设想难免是"无法忍受的……任何一个对生活的真正乐趣有感知的人都会对此排斥"。她还确信，新建筑会导致社会问题："很自然，被局限在这些建筑物中的人们会渴望酗酒，渴望妓院、鸦片烟馆，渴望低俗廉价的酒楼食肆和博彩站点，各种无以名状的小罪孽会诱惑他们。"

26585. BETWS - Y - COED, UGLY HOUSE.

JUDGES' Ltd

按照这种阐释，美是自然的、本能天生的，而丑则是人工的、做作的。只要你从自然出走，移入现代建筑，那丑陋就会被释放显形。在奥维达所厌憎的巴黎，她的同时代人认为艾菲尔铁塔是一大丑八怪。1887年，莫泊桑（Guy de Maupassant）、夏尔·加尼耶（Charles Garnier）、夏尔·古诺德（Charles Gounod）与小仲马（Alexandre Dumas）联名致信给《时代》（*Le Temps*）杂志，称铁塔是“用螺栓连接紧固的铁块构成的可恶大柱子……无用而怪异丑陋”。在此之前不到40年，约瑟夫·帕克斯顿为伦敦万国博览会设计的宏伟展厅被拉斯金嘲讽为一个巨型温室。或许，甚至是一个巨型沃德式玻璃暖房。

新奇之物，不管是纳什那看似品行不端、或有淫猥之嫌的白色灰泥墙面造型，还是与前者差异巨大的艾菲尔那无数的螺母与螺栓，都经常被视为丑陋不堪。这种观点之下的基础或潜在前提是一个根本性的问题，而此问题的内核则代表人们语言和思维里的中心冲突之一。这个冲突——如果这确实是某种冲突或矛盾的话，就是偶然意外与人为设计之间的冲突。2009年，在伦敦的一间餐厅，我向耶鲁大学建筑学院院长罗伯特·A.M.斯

上图：《寻爱绮梦》，一本浪漫传奇之书，据信作者是修士弗朗切斯科·科隆纳（Francesco Colonna）。这一插图版的文艺复兴古书可谓是一种文化源流，引发诸多后来者寻访古迹遗址的热潮。

特恩（Robert A. M. Stern）发问，是否有可能设计出一栋故意表现出丑的建筑。他笑了笑，答道："当然。那很容易，人们一直在这样做。"但实际上这并不简单。故意创造出的丑其实相当罕见，因为那会非常复杂，而且需要付出一些努力。如果请一位汽车设计师或建筑师设计出一辆丑车或一栋丑房子，他们通常会不知所措，觉得无从下手、举步维艰。

维多利亚时代的泳者，站在深可及膝的绝望中

如今，我们的品位倾向已经完全重新调整和组合过，可以用与拉斯金或奥维达不同的眼光去鉴赏事物。纳什和艾菲尔这两位设计师，也在很久以前已被主流文明阶层接纳，他们甚至还进入了时尚潮流。偶然意外与人为设计之间的区别，还有自然与非自然灾难之间的差别，这两种差异完全是一码事。在一篇长期遭到遗忘、1946年发表于《地平线》（*Horizon*）杂志的文章中，欧内斯特·M.弗罗斯特（Ernest M. Frost）以诗化的笔法描绘了谢佩岛（Sheppey）一带铁锈色的泰晤士河水，还有河面上怪异的光线色彩——令人哀叹，但只能被迫接受："龙门架与枯死的草将太阳固定在烤肉叉上，油迹斑斑的黑色水面上闪耀出油污机器的彩虹。这些机器就像维多利亚时代的泳者，站在深可及膝的绝望中。"这里描述的是美还是丑?

"画蛇添足风格"与对现实的恐惧

不论是偶然意外或人为设计的产物，也不论是清晰明确的表达或一言不发的缄默，关于这个问题——什么是真的丑——的论争，一直隐藏于建筑和设计的艺术语言表述的背景中。澳大利亚最伟大的建筑批评家罗宾·博伊德（Robin Boyd）极为大胆，他甚至将自己国家的丑提出来作为一个话题焦点——尽管他并非此举的创始人。安东尼·特罗洛普（Anthony Trollope）说道："人们理所当然地认为，澳大利亚是丑陋之地。"就丹下健三（Kenzo Tange）的建筑艺术，博伊德出过一本专著。在《澳洲之丑》（*Australian Ugliness*，1960）中，他又生造出"画蛇添足风格"（featurism）。与轻描淡写的低调或朴素无华相比，"画蛇添足风格"反其道而行之。这是某种表征化的过度美化……而浅表层面的美化与深度层面的丑化实则很难区别。

博伊德说道："视觉艺术并不能消除世界的邪恶与丑，而且也不该热衷于去给一个满面病容者涂上悦目娱心的脂粉彩妆。如果艺术能诚实、丰富和生动地去描绘这个世界本身的样子，就已经够好了……而澳洲之丑始于一种对现实的恐惧。"这就与维多利亚时代对现实世界的不安焦虑心态有了关联。博伊德还指出了很重要的一点："从视觉形态上来看，随着自然变得越发可爱，人类的居所就变得越发丑恶鄙陋。"

只要研究一下英格兰康沃尔郡沿海或者威尔士的当地乡土建筑，甚至只是随便了解一下，谁都会同意上述观点。

如今，对于象征毁灭的废墟，我们有着一种怪异的认同感，仿佛乐于

次页图：美妙的35号州际公路。在摄影画册《无聊的明信片》（1999）中，摄影师马丁·帕尔以反讽手法突出呈现了现代美国的庸常单调。

Traveling on Bea

tiful Interstate 35

左页图和上图：考文垂街景明信片，显示出战后该市的重建（约1960），还有上图中今日的新大教堂。年代不久的废墟不会有那种令人觉得可以欣然接受的古旧艺术感。中世纪的考文垂大教堂被战火摧毁后，巴兹尔·斯本司（Basil Spence）的建筑设计代表作取而代之。不过，新教堂并非符合所有人的愿望或喜好，评论家雷纳尔·班纳姆（Reyner Banham）称此建筑是一个“疯癫吵闹的大神盒子”（God-box，谐谑俚语，即教堂）。

次页图：“DQ冰雪皇后”软冰淇淋连锁店于1940年在伊利诺伊州乔利埃特城始创。现在有将近6000家连锁店分布于全球各地，最大的一间位于沙特阿拉伯的利雅得。

见到毁灭。废墟本身的美也经常被提及：根据肯尼斯·克拉克的见解，世界上第一幅描绘古迹遗址的画作是马索·迪·比安柯（Maso di Bianco）于1340年在佛罗伦萨圣十字教堂所画，主题为圣西尔维斯特与龙（St. Sylvester and the Dragon）。稍后的文艺复兴时期，著名奇书《寻爱绮梦》（*Hypnerotomachia Poliphili*，1499）则以哀悼挽歌般的笔调来描写废墟。从那以后，作为“废墟遗迹及其至美真谛”的源流典范，这本书经常被提及。“废墟之美”也从此成为人们对世界的浪漫化感受中一个固定的理念，或者至少说，后来所有描述废墟之美的著作中，索引目录里大都会出现《寻爱绮梦》。对废墟的迷恋喜爱还在持续，但多少还是有了变化或变形。摄影师兼照片收藏家马丁·帕尔（Martin Parr）出品的画册《无聊的明信片》（*Boring Postcards*，1999）也是狂热的收藏者心目中的经典。他将痛苦不幸的题材进行浪漫化处理，展示出对于人造和人为之丑的审美天赋。他复制了75号、85号与20号州际公路在亚特兰大的立交互通枢纽图像。功能派理论有一种万金油式的论调，声称工程建筑必然是美的，但宾夕法尼亚收费高速公路上方一座桥的形态，便对这种论调构成了直白公开的反驳或质疑。正如帕尔所展示的，有时候，工程建筑并不美。

画册中一张明信片的标题甚至就是“在美丽的35号州际公路旅行”。但画面上没有生命体，甚至也没有车辆通行。蓝天上飘着几朵蓬松的白云。摄影师显然是将三脚架安置在了公路中间隔离带上的中心线位置，

DAIRY QUEEN

IRY QUEEN

这样可以获得一种完全对称的效果，同时也会让人产生单调乏味的平庸之感。一座笨重突兀的水泥桥横架在公路之上。路边的草是绿的，但看上去像人工草皮一般。一切看起来怪怪的。摄影师竟然为这样一张毫无内涵的图片写下了那么多的阐述，真是怪异。

按照P.J.奥罗克的说法，诸如75号州际公路之类的高速路，其魔力或奇迹就在于，一路上根本就没有什么景观。爱丽丝·B.托克拉斯（Alice B.Toklas）也说过——至少她是复述了格特鲁德·斯泰因（Gertrude Stein）的看法："我喜欢看风景，但我看的时候喜欢背对着风景。"奥罗克则直接说自然之美是无聊烦闷的。风景？算了吧！"你看着一片美丽的风景，确实不错，是挺美的。然后会怎样呢？三十秒之后，你就开始不耐烦了。你希望自己手头有一本书、一个随身听，甚至哪怕是一份狗食般糟糕的食物，比如塔可钟的双层加料玉米卷。"此外，要在州际公路上欣赏大自然慷慨提供的无尽风光，还会有一个问题："你转头去叹赏美景，结果一下子撞到了桥墩上。"

把一切都弄得乱七八糟的自由

再看看帕尔明信片收藏画册中的另一个例子，新墨西哥州阿尔伯克基（Albuquerque）的温洛克（Winrock）购物中心。这地方看上去像个军事场所，但并没有忙碌紧张的场面。或者看看"位于宾夕法尼亚州福吉山谷立交互通附近，美国浸礼会全国事务协调办公室入口处那色彩缤纷的地毯"。如果将此与"位于得克萨斯州乔治城卫斯理公会养老院那漂亮而宽敞的餐厅"相比，这些地毯会显得尤其动人。在这里起作用的是什么样的美学理念？或者再看看阿肯色州的本顿维尔市，沃尔玛总部在此建立之前和之后，这地方发生了什么变化？大量财富的注入并未让市镇景观那强烈的平凡单调减弱多少。如此令人昏醉欲睡的沉闷乏味的场景，怎么同时又是如此地引人入胜，让人兴致勃勃？这其实不难理解，遇到撞车的惨况，你也会有同样的感受：不愿目睹，想转头回避，同时却又忍不住要去看。

在《疯狂驾驶》（*Driving Like Crazy*，2009）中，奥罗克为上述悖论提供了一个答案："这里是美国，这是给你的自由——把一切都弄得乱七八糟的自由——或许这就是你可以享有的自由，但再怎么说，也还是自由。我们难道要用推土机铲平所有的凯马特超市，再成立一个联邦机构，然后在超市原址设计建造出什么美好的事物吗？东柏林曾经就是那样被设计建造出来的，真是可爱美妙吧？！DQ冰雪皇后、水滑梯游乐场、跳蚤市场、甲乙丙丁等连锁影院，这些构成我们的社会大家庭。这些东西可能挺丑，可能令人尴尬难堪，但没有它们，我们也就不会在这里。美国人就是喜爱这些玩意儿。"

因此，这就是无用的禅宗*。图森的"遥远地平线"房车营地（Far Horizons Trailer Village），或者得克萨斯州"国王镇"（Kingsville）与"主教镇"（Bishop）之间的赛拉尼斯工厂区（Celanese plant），假如大自然重新主宰了它们，假如这些地方的水泥路、交叉层叠的管道和蒸馏塔

*此处所谓的禅宗奥义，也即按事物本原的状态或意义去理解事物。

都废弃不用，然后爬藤植物覆盖了那些锈蚀的金属设施、褪色风化的乙烯基塑料构建以及其他各类废物，那么，这里的丑陋怪相就会消失吗？

这种自然力量对人造物的软化或改善处理，是罗丝·麦考莱（Rose Macaulay）在其恋物癖情调的专题论著《废墟之乐》（*Pleasure of Ruins*，1953）中所描述的“丛林化”进程，是自然作用的经典效果。她满怀愉悦地写到如何探索了一座废墟，发现那里简直是个寓言动物或怪兽的大集结，有龙、森林神萨蒂、仓鸮、大蛇、斑点鼓凸的癞蛤蟆，还有狐狸。如今，在一座现代的废墟中，比方说垃圾填埋场，我们大概不会再看到麦考莱笔下的场景：树木枝丫伸进倾圮房屋的空窗框，夹竹桃与茴香在残垣断壁间无邪地绽放，树莓在墙外交错缠杂地生长。我们更有可能发现的是锈蚀的微波炉、几只旧轮胎、塑料瓶和饼干包装盒之类的。

这些新废墟的问题在于，它们还没有古旧到令人尊敬，还没有呈现出那种很有年代感的铜锈绿，暂时只能依赖于艺术给它们增添一缕柔性的光晕。考文垂大教堂在1940年毁于纳粹空军的闪击战，约翰·派珀（John Piper）摄制了这片废墟的影像，但那是一幕哀悼追念、令人伤感的场景。至于城市生活废物，当代人的态度则更为坦然，甚或是关注有加。

艺术家罗伯特·史密森（Robert Smithson）是“反美学”或“挺丑派”的一个典型。在追求丑陋的努力中，他对自然畸形有着浓厚的兴趣，认为那是自然本身对其美之储备的一种自我贬损。他所阐发论述的此类“大地艺术”的最佳例证场址，是那些遭到贪婪的工业化改造以及相应的后遗症破坏损毁的地方。一位诗人在六十年前的谢佩岛也注意到了类似的现象。关于现代废墟，拉拉·阿尔玛希基（Lara Almarcegui）多有论述，出版的作品包括《阿姆斯特丹废墟地图：阿姆斯特丹废弃遗迹指南》（*Wastelands Map Amsterdam: Guide to the Empty Sites of Amsterdam*，1999）和《荷兰废墟遗址》（*Ruins in the Netherlands*，2005）。她希望亨克（Genk）和阿姆斯特丹的工业废墟能任其自然发展，原样保留下去。当然会有人提出要开发和“改造”，让这些废墟场址焕发魅力，她则对此不抱希望，表示反对。

美是乏味的吗？丑令人兴致盎然？埃德蒙德·伯克关注痛苦和恐惧，他的相关阐述将丑的这两个方面引入了审美的领域。他在《论崇高与美》（*On the Sublime and Beautiful*，1756）中所开始的研究工作，后来由隧道、煤烟、活塞、垃圾和废墟接手继续。

8 美何错之有 或 非自然的选择

种族主义为何是丑的？
美貌是一种职业上的优势吗？
是否应该消除和摆脱丑？

畸形怪物，或者说自然的意外事故，这一概念与丑这一论题其实差异甚大。把这两者区分开来，有着重要的意义。畸形怪物是基因灾难的产物。但丑，由于有着一种社会和文化的关联，而不仅是简单的医学特征，所以要更为复杂。

理由何在？因为，丑几乎不是偶然的意外现象。对丑这一概念至关重要的，是思虑评议、有意为之和有所图谋这些理念。丑是一个非常复杂的概念，也许是“摩登原始人”（Fred Flintstone）这样的笨伯所无法理解的。你认为某样东西丑时，就必定清楚地意识到另有其他替代选择。说某物丑，这就意味或暗示着你已经建立起一个参照系，有多个偏好参数。比如，生理残障可能是令人不悦的，甚至是让目击者痛苦纠结的，但是生理残疾却没有丑那种故意而为之的表现意图。这一点，就让我们想到“丑”这个词在语源学上的一个关联词：古斯堪的纳维亚语中，ugga即指丑，同时还意味着有侵略性，让人感到受了冒犯。

但自然的意外事故与有意而为之的冲击冒犯，这两个概念经常会被混淆。欧洲人长期以来都对畸形怪物津津乐道：皮埃尔·伯伊斯托瓦（Pierre Boaistuau）的《志怪录》（*Histoires Prodigieuses*，1560）只是此类广为人知的书籍中的一个例子。此书配有很多著名的木刻印画插图，其中有连体双胞胎和其他不幸的异常怪胎——可谓是中世纪晚期的一场畸形怪物秀。

毛发的问题

内分泌紊乱症状现在都有着相应的科学名称，比如多毛症，或毛发过度生长便是一例。但这些紊乱异常曾经却被解读为一种更为可怕邪恶的凶兆，而不是被理解为一种通过激素疗法可能得到改善和治疗的疾病。就医学渊源而言，多毛症这个概念始于“毛猿女”现象。这种先天性病征令人厌恶，同时也让人迷惑不已。欧洲人的想象力或好奇心，有一部分就是被“多毛女”所激发，直到刮毛、拔毛、脱毛、电蚀除毛和激光除毛这些手段普及之后，那种中世纪的多毛恐惧心态才得以消弭。

过度生长的异常毛发却仍然有着一种令人不安的黑暗力量。《我是少年狼》（*I Was a Teenage Werewolf*，1957）中的怪物，如果毛发少一些，大概就没有那么狰狞可怖。还有帕特·铃木（Pat Suzuki）在《骗局》（*Skullduggery*，1970）中扮演的奇怪角色，那是受到法国作家维柯尔

右页图：恐怖片《我是少年狼》（媒体照片，1957）与《外星人入侵》（*Invasion of the Saucer Men*，1957）同步发行上映。此片运用了人们常见的焦灼忧惧情结，那就是担心返祖退化，回到前科技时代。片中以毛发造型来提供一种不安恐怖的图像语义。

次页图：多毛症指毛发过度生长的异常现象。这位最早闻名的“大胡子女人”，真实姓名为安妮·琼斯（Annie Jones），受雇于巴纳姆与柏利马戏团，充任了该马戏团畸形怪胎群体的女代言人。

Pub-19
#201-178

上图：最初的1934年版《犹太人苏斯》电影海报，导演为英国人洛塔尔·门德斯。此片谴责反犹太人言行，而不是像戈培尔1940年版的同题片那样宣扬反犹。那部臭名昭著的新版利用了“人种血统纯正的”临时演员——是从布拉格犹太人居住区召集而来的，还强迫明星出演。但即使是1934年版的电影，也没有像原著小说那样公开强烈地批判对犹太人的迫害，因为英国电影审查当局担心，如果对德国政府的政策明确地加以谴责，可能会导致外交争端。

左页图：莱妮·里芬斯塔尔拍摄的柏林奥运会纪录片《奥林匹亚，世界的盛会》（1936）剧照。这位标枪投手代表着“雅利安人种”之美的一个理想范本。在当时纳粹思潮主导人物的构想中，这是一个生动典型的形象：肌肉结实的金发白种男子，裸露着阳刚健美的身躯，昂首阔步走在瓦尔哈拉殿堂中。

（Vercors）的《畸变动物》（*Les Animaux Denatures*）的灵感启发。这一形象表现出一种怪异的、动物般的野性的色情，因为多毛症在这里与裸体不协调地结合在了一起。

过多的毛发出现在不恰当的地方，这一直是一种令人反感难受和厌恶的体验，但其他的体貌特征——谈不上是畸形的，而是那些鲜明显著的特征——也照样被利用，来进行政治宣传。佝偻的步态、油光光的胡子、夸张的容貌和灰黄黯淡的肤色都可能成为政治内涵的符号。一个实际例证：1930年，德国国家社会主义工人党（NSDAP，即纳粹党）认定电影可能有助于推广他们的种族理论，接着便开始行动，通过银幕宣传来将丑加以政治化。

约瑟夫·戈培尔（Joseph Goebbels）是德意志帝国的宣传部长，他有三个得意的、特别钟爱的（如果可以这么说的话）反犹太电影项目。一个是《罗斯柴尔德家族》（*Die Rothschilds*，1940），另两个则是更为臭名昭彰的《犹太人苏斯》（*Jew Suss*，1940）和《本性难移的犹太人》（*Der ewige Jude*，1940）。这三部电影被理解为莱妮·里芬斯塔尔（Leni Riefenstahl）之前出品的两部宣传大片的负面对应物。那两部轰动一时的作品分别是《意志的胜利》（*Triumph des Willens*，1935）——纳粹党代表大会于1934年在纽伦堡召开，这是她对集会的实况进行充分选拍并精心剪

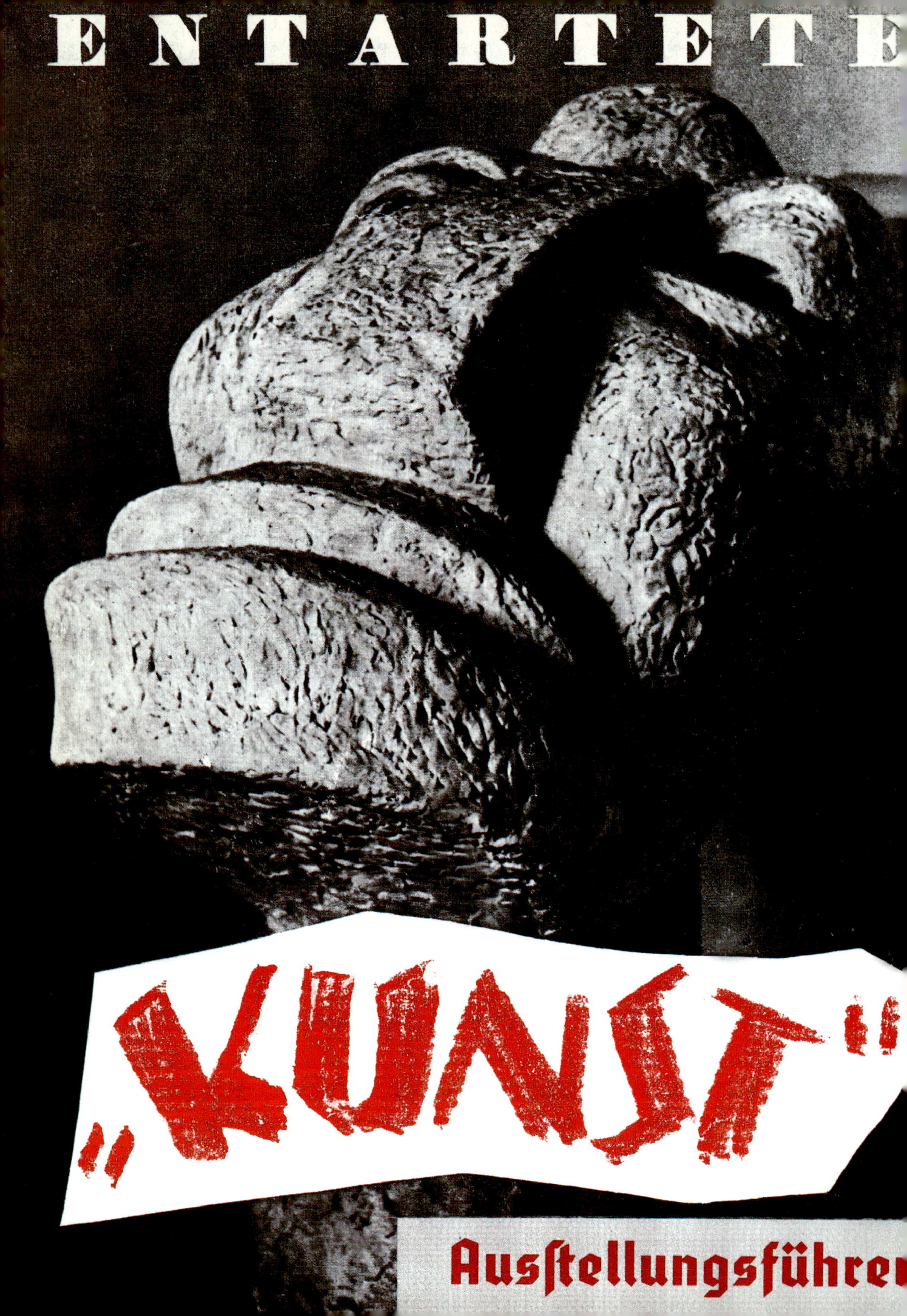
ENTARTETE
„KUNST"
Ausstellungsführer

左页图：“堕落”的概念让纳粹的思维兴奋活跃，并就此大做文章。从文化层面来说，这个运动的顶点就是1937年在慕尼黑开幕的堕落艺术展。这场展览歪曲嘲讽了爵士乐、抽象艺术与无调性音乐，以及发起和推动此类潮流的犹太人、布尔什维克人与黑人。

次页左图：E.麦克奈特·高福为美洲事务委员会美国办公室所创作的反德宣传画（约1944），其中的口号是“轴心国的新秩序”。画里的纳粹党徒流着口水，这正是他们在丑化犹太人的宣传中经常使用的伎俩。

次页右图：亚瑟·斯锡克（Arthur Szyk）的抗日宣传画，刊登于《柯里尔》杂志的封面上（1942年12月）。这一卡通化的日本军官长着野兽的獠牙，还有蝙蝠的翅膀。

辑编排后所完成，还有一部是《奥林匹亚：世界的盛会》（*Olympia: Fest der Volker*，1936）——这是她又一部风格鲜明的纪录片，剪辑编排的特征甚至更鲜明，题材为当年的柏林奥运会。里芬斯塔尔的电影呈现和推举一种理想化的“雅利安人种”之美：肌肉健壮的金发碧眼白人男子奔赴战场，昂首阔步迈入瓦尔哈拉殿堂（Valhalla，指代各类英烈祠）；而日耳曼青春少女们则在一旁唱起庄严的颂歌，音韵与英雄们的肱二头肌同步律动。作为反面对照，以犹太人为主体的电影中，呈现出的却是卡通漫画般的模式化影像：那些闪米特血统的族裔长着鹰钩鼻，嘴角涎水滴流，脸上沟壑纵横，肮脏邪恶，贪婪地攫取财富，是毛发浓密的野蛮强奸者。当然了，德国党卫军都被要求认真观看这些电影。

在种族偏见叙事及其意义的阐发这一点上，《犹太人苏斯》是一个有趣的缩影。约瑟夫·苏斯·奥本海默（Joseph Süss Oppenheimer）确有其人，是18世纪的一个银行家，属于海盗类型的巧取豪夺者。他无意中出卖了一位犹太年轻女子，随后以高贵的风度安然接受了死亡判决，走向绞架——甚至此时他已发现自己并非犹太人。1925年，犹太作家雷昂·弗希特万格（Lion Feuchtwanger）根据苏斯的故事写了一部小说。1930年，保罗·柯恩菲尔德（Paul Kornfeld）将小说改编为戏剧。到了1934年，英国导演洛塔尔·门德斯（Lothar Mendes）出品了电影《犹太人苏斯》。

上述艺术创作在处理犹太人身份的微妙主题时都赋予同情，这就让戈培尔大为不安。于是，他带着最高程度的使命感与热忱，制作了有史以来最“成功的”——如果不能说成是他的成就的话——反犹太电影。这部1940年的《犹太人苏斯》在同年的威尼斯电影节上获得了“金狮奖”。为了拍片，“人种血统纯正的”临时演员被从布拉格的犹太人居住区召集而来。正如他在1942年的一场演讲中所说的——这对观众理解此电影很有帮助，戈培尔的意图就是用漫画的手法歪曲和讽刺犹太人，以此来让德国“人民”（Volk）信服：“每个犹太人都是我们的敌人……无论他是规规矩矩、了无生趣地苟且活命于波兰的一个犹太聚居区，还是在柏林继续着他那寄生虫般的肉体存在……抑或是在纽约吹着鼓动战争的破喇叭。”

紧接着《犹太人苏斯》的，是戈培尔的另一部宣传大片，同样出品于1940年的《本性难移的犹太人》（*The Eternal Jew*）。在这部片子中，戈培尔颇费心机地扩充了他污蔑诋毁的视觉语汇手段，指示制片者将犹太人呈现为人形的鼠类，鬼祟地潜伏于地窖中。同时，纳粹党徒也改编了艺术史，来支持他们关于美和丑的观点。1937年，在慕尼黑的艺术之家（慕尼黑美术馆），一场臭名昭彰、主题为“堕落艺术”（Entartete Kunst）的展览开幕。

自从1892年，马克斯·诺尔达（Max Nordau）的《退化》（*Entartung*）——这是伪科学的、半神秘主义的各色疯狂小零碎的大杂烩——出版以来，“堕落”这一概念主旨便占据了纳粹思潮的中心位置。虽然诺尔达自己也是犹太人（事实上，他是“健美犹太人”形象的构想者，在1900年发表于《犹太人体操杂志》（*Jewish Gymnastic Journal*）的一篇文章中，他向世人推出这个理想范型），但他对19世纪晚期艺术之精神病理学的沉思与推测探究，却在无意中有助于纳粹理论的合理合法化。

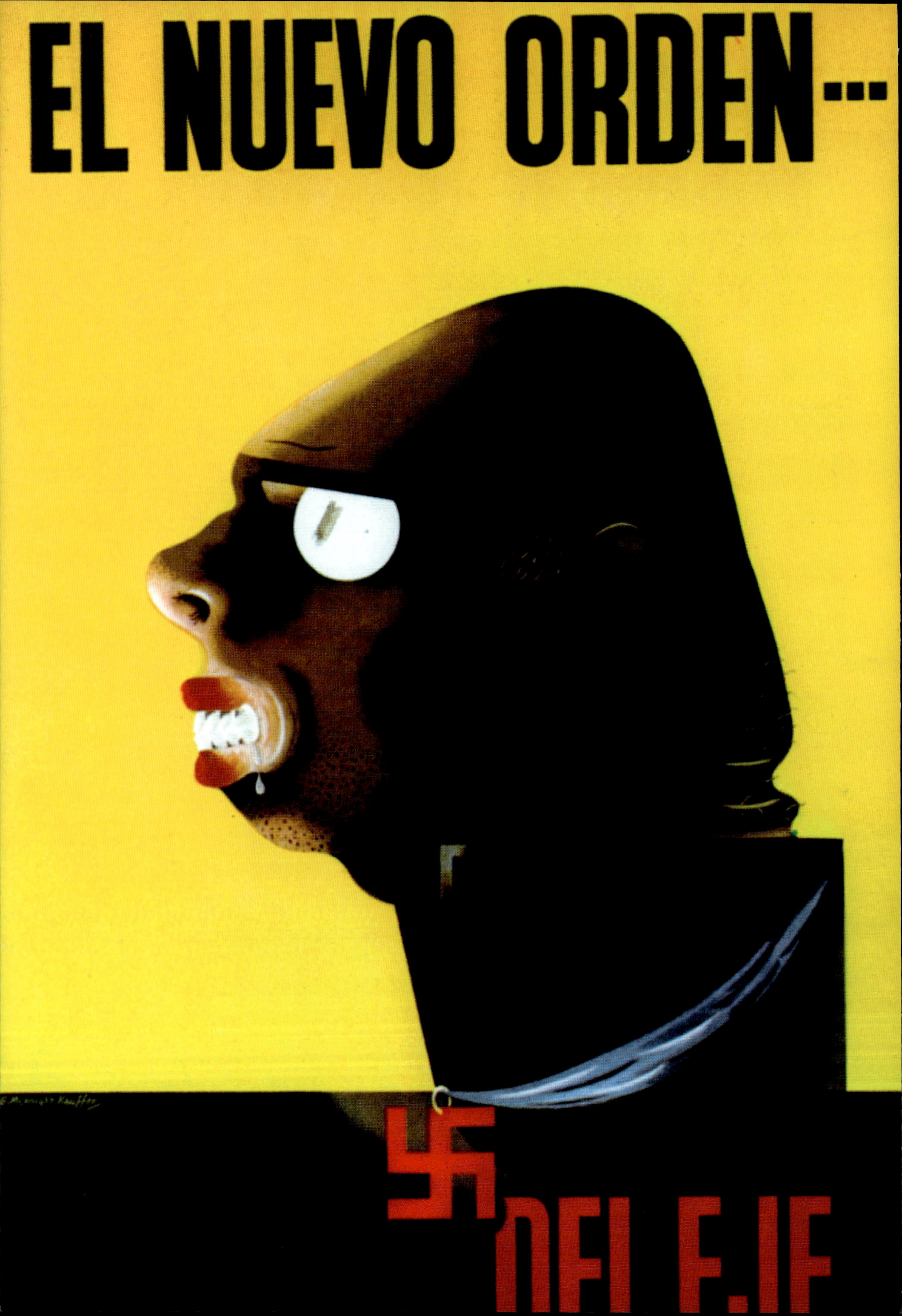
EL NUEVO ORDEN...
DEL EJE

Collier's

ECEMBER 12, 1942 TEN CENTS

ELL-COLLIER PUBLISHING COMPANY—PUBLISHERS OF COLLIER'S—THE AMERICAN MAGAZINE—WOMAN'S HOME COMPANION

在堕落艺术展上，非洲裔与犹太人，还有没落退化的北欧日耳曼人——包括表现主义者埃米尔·诺尔德（Emil Nolde）——的作品，都大受攻击与嘲弄。专擅于刻绘粗犷健硕、原始尚古形态裸体的雅各布·爱普斯坦（Jacob Epstein）的雕塑格外受关注，成为诋毁诽谤的突出标靶。丑与美之间的对立抗辩，有时候不免界限模糊，但爱普斯坦肌肉丰腴的古朴憨拙风格与纳粹钟爱的雕塑家阿尔诺·布雷克（Arno Breker）矫情虚假的古典主义，这两者之间的反差却构成了一个紧密关联现实、意义深刻而绝对清晰的历史时刻，也即1937年左右。

上左和上右图：阿尔诺·布雷克创作的《卫兵》（*Der Wätcher*，1941）与《受伤者》（*Opfer*，1940）。虽然在20世纪20年代的巴黎与毕加索（Picasso）和其他现代派艺术家熟识，但布雷克还是发展定型为一位新古典主义雕塑家。他的风格既显示出强烈的形式与情绪，同时也显得索然无味。他后来成为希特勒最宠爱的艺术家。

希特勒也曾有一次诚实过，他声称舆论宣传从来都不必“诚实”——这与他的讲话态度非常矛盾。毫不奇怪，也毋庸置疑，为了达成军事和政治目标，同盟国一方也要借助谎言与歪曲的宣传。二战最胶着、最激烈的时刻，由于战场上枪械的活塞运动与热油的臭气令人麻木、厌憎，因此就有必要来丑化敌人——仿佛闪击战或者珍珠港战役的本质与真相已经被大众遗忘。将敌人呈现为模式化的丑态，或许比敌人在你头上扔炸弹更能激起你的反击和战斗热情。

举例来说，1944年，美洲事务委员会（Inter-American Affairs）办公室就延请著名平面设计师E.麦克奈特·高福（E. McKnight Kauffer）创作了多幅海报。其中有一幅叫做《轴心国的新秩序》（*The New Order of the Axis*），画面主体为戴眼镜的尖脑袋（知识分子）党棍军人侧面像，口流涎水。这位无下巴的德国人的美学细节特征恰如一颗铅锤，垂直下探，让我们看到画家对当时纳粹丑态的把握和表现达到了何等的深度。大概是在同一时期，英国迪卡（Decca，唱片公司）出品了一张唱片，题为“我们将猛扇肮脏小日本的耳光”。1942年12月的《柯里尔》（*Collier's*）杂志封面则刊出了美国人的一幅漫画，将日本士兵表现得相当龌龊丑恶。眼角开裂似的上翘白眼、尖利的獠牙和污秽的口水，这些都是丑化敌人的常见手法。

为什么要美？

政治宣传利用了人们原始心智中就存在的这样一种认知：常规的丑的理念与传统公认的坏或恶的理念有着天然的关联。虽然要为美或者丑确立实用可靠的定义还很麻烦，但在进化生物学的范畴之外，“为什么要美”这个问题已经有了答案。2006年，在《美国经济评论》杂志上，经济学家马库斯·M.莫比乌斯（Markus M. Mobius）与塔尼娅·S.罗森布拉特（Tanya S. Rosenblat）联名发表了一篇题为“美为何要紧？”的文章。他们说，在职场中有着一种“美貌溢价”。有人设计过一个实验，参与的职员被要求去解决一个有关迷宫的问题——这一任务需要的只是智力与知识运用能力。不过，结果很快表明，雇主还是更偏爱外貌漂亮的人，而忽略了其是否具有恰当的解决问题的能力。

莫比乌斯与罗森布拉特指出，“美貌溢价”发生作用的途径有三种：

1. 美貌的员工更自信，这就有一种自我实现的效应：更强的自信让其人际魅力加倍提升。
2. 技能水平相等的情况下，美貌的员工会得到更高的评价。
3. 自信心程度相似的前提下，美貌的员工在交谈和礼仪态度方面的人际沟通技巧经常会带来更高的薪资——通常是多得到10%。

安东尼·西诺特（Anthony Synnott）是位于蒙特利尔的康考迪亚大学的一位社会学家，他研究了人们对于美和丑的种种偏见。他说，人们往往先入为主，推定丑人没有貌美之人那样敏感、风趣、活跃和性感。这些成见的文化渊源可能来自神话传说与民间故事，这些叙事中的坏人总是必然地被编排成怪模怪样或者畸形残障。一些相关研究表明，父母开车时对孩子使用安全带的重视程度与孩子的样貌成正比。美可是绑出来的。*

像我们一样丑

美可以作为对丑的治疗或补救，这样一个理念如今既有技术上的意义表征，也有形而上学的内涵。女星凯瑟琳·德纳芙（Catherine Denueve）说：“四十岁之后，麻烦的要么是臀部，要么是脸。”她指的是年龄给身材和面容带来的破坏与老态。她或许还可能是在暗示说，如果有整容化费预算的话，你大概要分清一下轻重缓急，决定是先抽脂还是先给整个面部

*这里是说，系好安全带或正确使用儿童安全座椅，才更能保证父母有四肢健全的“漂亮的”孩子。

来个激光磨皮嫩肤。

康涅狄格州有一位名叫劳伦斯·基尔万（Laurence Kirwan，无保留声明：此人是我中学和大学时的同校好友）的成功的美容整形外科医师。2008年，这位医生引发了国际范围内的愤怒声讨，因为在《周日邮报》（*Mail on Sunday*）的一个专题报道中，有迹象透露出他考虑给自己患有唐氏综合征的女儿奥菲利娅做手术，好让她变得“和我们一样漂亮”。

专题文章的作者是邦妮·埃斯特里奇（Bonnie Estridge），她另有一篇类似性质的作品在2006年发表于《红秀》（*Grazia*）时尚杂志，后来刊登过更正说明和致歉信。基尔万医生在网络上回应人们的指责，说他被诽谤中伤了：“采访中描述的是一次经过深思熟虑的母亲节特别行动，说的是一位妈妈和她的残疾女儿（这位女儿要做手术来治疗肿大的扁桃体）。但通过影射与谎言的表述手段，他们却把此事转化变形为一个明显的争议话题，变成给唐氏综合征患儿进行整容手术了。在明确了这个专题将会促进对唐氏综合征的研究之后，我和切尔西（奥菲利娅的母亲）才同意接受采访，参与到这篇文章中。”

基尔万医生把对他的访谈材料的篡改称作是故意耸人听闻，追求轰动效应，是全无节操品位和麻木冷酷的行径。他从未说过文章标题中的那些词句：“该用整容手术让患唐氏综合征的女儿变得像我们一样漂亮吗？”也就在那时，基尔万医生正考虑是否要给他的另一个女儿做鼻子整形。关于奥菲利娅，他说：“切尔西和我爱的就是奥菲利娅现在的样子，而不是我们希望她所变成的样子。”对于先天畸形——比如唇裂——的儿童，整形手术其实已经相当成熟和完善了。基尔万医生参与过很多康复整形外科的慈善工作，在这个领域有着卓越的成就。

他平衡了医学技术层面的理性必要与人情层面的相对主义，写道：“作为一名艺术与美学的爱好者和认同者，我在人类每一个个体身上都发现美的存在。作为一名医生，我生命中大量的时间都用于帮助人们来提升其生活品质……此外，在父母眼中，孩子总是、也应该一直是美的。”

成年的唐氏综合征患者接受整容外科手术，是司空见惯的事，但或许也只是比唐氏综合征患儿进行整容稍微少点争议罢了。但在生命中的任何阶段，审美诉求的介入会不可避免地导致人们想到那种令人心绪不宁的可能性前景：为了婴儿的健康与美而选择性堕胎。通过外科手术来提升——甚至是通过手术来人造——美貌，已经屡见不鲜，但这种追求却也有着一个怪异的投射镜像——有人主动地愿意丑一些，可以把这称为选择性丑化。把基尔万医生所说的那个概念稍稍改动一下：你想要像我们一样丑吗？通俗文化表明，很多人确有如此意愿。

像苏联红五星那样的乳头

1976年，当朋克时尚“固化”——用这个词或许也凑合吧——时，就提供了一个引人瞩目的例证，说明人们有变丑的意愿。在《口红印迹》（*Lipstick Traces*）中，格雷尔·马库斯（Greil Marcus）说：“简直难以想象，最初的朋克有多丑。”他接着描述了当年那种在文化意义上得到宽宥

右页图：插图出自“薪火”（FUEL，伦敦一家设计出版公司）与但泽·鲍尔代夫合作出版的《俄罗斯罪犯纹身大百科第一卷》（2003）。监狱中的刺青能宣告犯人的群落归属与忠诚感，有助于那些笨嘴拙舌的粗人进行自我表达。在俄罗斯的罪犯惩戒改造系统中，刺青这种身体艺术有着深厚的传统。这也暗示了喜欢刺青与犯罪行为之间有着模糊的关联。

次页图：20世纪70年代伦敦的朋克运动。概括而言，朋克拒绝任何形式的优雅，标举的是愤怒咒骂、蔑视唾弃和对抗的言行姿态。马尔科姆·麦克拉伦（Malcolm McLaren）是朋克乐队的经纪人与策划师，他如此评价自己代理的一个乐队：“他们烂透了，所以挺好的。”

Русская
зэчка-красная советская свинья не любит труд, считает себя высшей
расой, злобная, завистливая, бросает своих детей, любит
пьянство, воровство, хулиганство, унижать всех

左图：阿道夫·卢斯的《装饰与罪过》（1908，此处图片为1913年某个专题讲座的海报）将设计理论与有关犯罪的调查研究融合了起来。这说明了维也纳文化的一种典型特质——这样的文化水土也孕育了弗洛伊德。在中产阶级品位（很大程度上建基于英国的人文范例与标本）与他关于美学意义上的完美至善的观点之间，卢斯发现了一种协同增进的效应。在此文发表的同一时期，医学研究者则在研究那些累犯、惯犯的面相特征。

甚或纵容的流行“丑潮”：身体部位穿孔、催吐减肥、肌肤伤痕凹坑、痘疤、邪恶的姿态、结巴、伤残。当然了，纹身就更不在话下。

以纹身来达到丑化，这其中的可操作范围极为宽广，但泽·鲍尔代夫（Danzig Baldaev）与谢尔盖·瓦西里耶夫（Sergey Vasiliev）合著的精彩图书《俄罗斯罪犯纹身大百科》（*Russian Criminal Tattoo Encyclopedia*，2003）直观生动地说明了这一点。他们解释说，小偷身上的刺青，就相当于军事团队的服饰与徽标。有些纹身像是一种服役记录，表示这个人在某处劳改营和监狱中有过“光辉的”经历。我们来看一个纯粹是任意选取的例子，这里呈现的是一个女人体上半身。这个女人有裸露的双乳，乳头部位是前苏联红五星的图案。她长着猪耳朵，容貌形态也是猪头状，前额上是锤子与镰刀——这就构成了纹身中的纹身。她四周还环绕着棘刺铁丝和圆印章式的图解文字："一个俄罗斯女罪犯就是红色苏联的一头脏母猪，不爱劳动，还自认为是高等种族。她恶毒又常心怀嫉妒，抛弃自己的孩子。她狂喝滥饮，嗜酒如命，也爱盗窃，行为像个无赖流氓，想羞辱所有人。"与此同时，美国食品与药物管理局的报告指出，4500万美国人身上有刺青，而这些人当中有很多在纹身之后又觉得丑，因此而后悔。据估计，每年有十万人接受激光治疗，来去除刺青。

在现代人看来，装饰某样东西——无论是人体、建筑或机器——的愿望中同时也混合着污损甚或破坏此物的愿望。有一个观念认为，机械制造的装饰物——根据帕佐瑞克的定义原则——就是假冒伪劣的，在某种意义上是不道德的。由此生发开去，很快就可关联到丑。在这里，人类的虚荣与设计原则产生了碰撞冲突：为了婴儿的健全和美而选择性堕胎，与基于功能主义幻觉空想的建筑，这两者彼此竞争，在人们当中引起的关注可谓难分伯仲。

即便如此，这种对于丑的担忧还是当代人心中一个有决定性意义的典型特征。中世纪的人们被教导说，美就等于神性。但现代主义者的核心信念则是这样的：只要建筑师和设计师能全神贯注于建筑与产品本身绝对的、结构性的本质，就可以避免丑。这种信念也有着一种近乎宗教般的特质。美存在于基础性的根本原则中，而丑，似乎可以说，仅仅只是肤浅表征的问题。

装饰与罪（这丑陋的一对）

新艺术派建筑师亨利·凡·德·维尔德（Henri van de Velde）写过一本著作Kunstgewerbliche Laienpredigten（1902），书名翻译过来很简单，就是《工艺品会布道》。这一书名也同样提示了前述的一个现象：现代主义者对他们的核心信念显得近乎宗教般虔诚。维尔德在书中以一种充满庄严华彩的、模拟《圣经》的语言来详述他的观点。要理解20世纪初期人们对于丑化的理论和实践所持有的理念，这本书是不可或缺的关键文献之一。维尔德以讲道般的文风写道："尔等当如此理解万物之形式与建构，仅按其存在所依据之最严格、最基本之逻辑与正当理由，来观照万物……倘若汝等心生别念，意欲美化诸事物之形式……致使自身意志屈从于雅驯纹饰之念想，倘若列位之审美感念或对虚华雕饰之喜好……促发诸位有此美饰冲动，即当此时，尔等亦应克己慎行、如履薄冰。谨记，尔等须确保尊重诸事物之实在本原，并保留维持此等形式与建构之本质要素表征！"

陈腐坏死的遗传元素

随后的那几年，关于外在装饰的争论有了进一步拓展，甚至出现了一种最极端的表达——对你本人或你的房子来说，装饰都是不好的、丑恶的。这里就要提到奥地利建筑师阿道夫·卢斯（Adolf Loos）发表于1908年的一篇文章《装饰与罪过》（*Ornament und Verbrechen*）。这篇文章当年大概没多少人读过，现在读的人当然也不多，但那些最具影响力的建筑与设计史专著，比如在雷纳尔·班纳姆和肯尼斯·弗兰普顿（Kenneth Frampton）的书中，却给予卢斯一定的角色地位，从而让他给建筑与设计领域的后来者留下了颇深的印象。卢斯在美国居停过三年，那里的建筑文化呈现出的是工业化的简练特质，像活塞构造那般明了实用，完全免除了神庙和大教堂之类的传统——对这些陈腐坏死的遗传元素一概无视。路易斯·沙利文（Louis Sullivan）的一席话让卢斯如闻雷鸣："如果我们能暂时放弃对表面装饰的执念，完全专注于如何让大楼挺立起来——只需考虑这些朴素节制的建筑形态是否优美和赏心悦目，那就会对我们有益无害。"

因此，这里又有了"干净线条"（更不必说干净的躯体）与高尚的道德之间的关联：维尔德的专著中最后一句关于醉酒的那个隐喻无疑很有启发作用，透露出类似的看法。美在行为动态和外在样貌中都有一种纯净感。在《装饰与罪过》——此文像是一篇激昂的演讲稿——中，卢斯对人类主动自愿的那种丑化尤其感到烦恼忧虑："儿童是超道德的。在我们眼中，巴布亚人也无涉道德。巴布亚人杀死敌人后还会食用对方的尸身。他们不是罪人。但一个现代人如果杀了人而且还吃尸体，那他要么是个罪犯，要么就是个堕落退化的邪恶之人。在有些监狱所关押的囚犯中多达80%的人有纹身。那些未入监的纹身者，则是潜在的罪犯或者变态退化、邪恶破落的贵族。如果某个有纹身者死的时候还是自由之身，那就意味着他提早死了，在将要实施犯罪之前的几年便死了。"

多毛症、丑化、唐氏综合征和纹身给那些美的精英范型模式带来了挑战，但这些现象在达尔文的理论中都可以找到解释。以一种最粗暴简单的方式来说，进化生物学提出的观点就是：人们讨厌和规避毛发过多的人，或者那些人们怀疑其有潜在犯罪倾向或有实际犯罪行为的人，或者那些有生理或智力缺陷、因而让人们感到格格不入的人，都是因为这些人显然不是优秀配偶的选择。人们希望能组配最高品质的血统来繁衍后代。

人类为何对美倾斜，这便是最佳解释的基础。同时，对美的解释也是对丑的最佳解释。这种解释的渊源可参考文学评论家伊莲·斯盖瑞（Elaine Scarry）所说过的一句话："美自觉地将其复制本引入实际存在。"如果有什么事物我们还想要得更多——无论那是一个有魅力的人还是一件讨人喜欢的物品，那就意味着我们知道那东西是美好的。斯盖瑞教授的观察固然很敏锐，但莎士比亚却是最早认识并表达出类似观念的。他的十四行诗第一首写道：

> 唯愿标致尤物多增殖，
> 美之玫瑰方得永存世。

一旦涉及到美，人们就觉得多多益善，即便那美物是个大闷蛋。

右页图：南大西洋三文治群岛（Sandwich Islands，英国海外属地）的皇后，出自N.达利（N.Dally）的《万国民族风俗与服饰》（*Customs and Costumes of the Peoples of the World*，1845）。

次页图：东京公共浴室中山口组黑帮的一个纹身成员。犯罪与刺青之间的关联并无确证，但人们却有着一种理所当然的设想，认为刺青透露出的是一种犯罪倾向。日本大部分的公共浴室都禁止有纹身者进入，因为刺青被认为是一种符号，代表着令人不悦和排斥的社会元素。

DOMS

祇園

DX東寺劇場
TEL 075 671-2124
松本精肉店

9 形式追随感觉或修辞隐喻无济于事

现代主义是治愈丑的解药？
或者这只是品位差异的问题？
是有趣更好，还是美与善更好？

右页图：马克斯·诺尔达肖像，《退化》（1892）一书作者。他对19世纪晚期艺术之精神病理学的沉思与推测研究直接为纳粹理论提供了素材与养分。

漫游奇境的一次行程中，爱丽丝与格里芬（狮鹫怪物）和假海龟有一场对话。（听假海龟说在海里的学校学“假发、剪发、丑法、厨法”，爱丽丝回应说不知道什么叫“丑法”。）格里芬便对她说：“你从没听说过丑法！那么你应该知道美法是什么意思吧？”爱丽丝回答：“知道，那就是说把东西变得更漂亮。”格里芬于是接着说：“这么说吧，如果你连什么叫丑法都不懂，你就是个傻子。”

不过，为什么有那么多人——那些可并非都是缺心眼的傻冒——觉得现代艺术与建筑是如此地丑恶，丑得咄咄逼人？

现代主义本来被指望成为疗救工业化之丑的解药。刘易斯·卡罗尔在牛津大学那尖顶耸峙的优雅校园环境中创作《爱丽丝漫游奇境记》时，煤烟、活塞与噪音构成的工业革命大戏正越唱越响，达到了高潮。（实实在在地说，1865年，这本不可思议的书出版之后的第二天，英国正好通过了世界上真正有实际意义的第一个有关车辆最高时速的法案。）也是在《爱丽丝漫游奇境记》面世的差不多同一个时期，艺术开始去寻找丑。

整个19世纪后期，具有先锋倾向和品位的艺术家们都潜心专注于寻找“真实”。真实是丑的，而不是美的，这或许是必然的。这就不可避免地导致了对于神经机能状态的探索，而这一领域当时才刚刚开始成为实证调查科学的一块新田地。

早期精神病学家与前弗洛伊德时代的心理学家提出的伪科学立论单薄，经不起推敲，但提供了一个刺激性的语境，让人们思考与探讨正处于演进中的现代主义哲学。马克斯·诺尔达是切萨雷·龙勃罗梭（Cesare Lombroso）的弟子，他首创性地提出面相是透露性格的关键表征，希特勒那充满种族偏见的艺术理论也有他的贡献。他确切地知道问题出在哪里。他写道：“那些软弱无力的、退化颓丧的事物将消亡；拥有强大意志者将调适自己，去达成文明的构建……偏差畸变的艺术没有未来。当文明化的人类胜利摆脱了疲惫枯竭的困境，这种偏离正轨的艺术就将消失。20世纪的艺术将在每一个方面都连接起历史。”

寄生虫导致的脓肿溃烂

在《退化》中，诺尔达强烈声讨“世纪末”情绪或精神，而他却没有意识到，他自己那矫揉造作、宏丽夸饰的行文风格与歌剧般的故作姿态，

左页图：勒·柯布西耶设计的朗香教堂（于1955年完工）。

次页图：混凝土大楼的众多正向墙面。图卢兹-勒米雷尔居民楼（于1968年完工），由柯布西耶的学生们设计。现代建筑一方面令人感到崇高、欣喜和振奋（见前页柯布西耶设计的教堂），另一方面，有些项目又单调沉闷，让人崩溃。2005年，希拉克（Chirac）执政年代所发生的骚乱，曾导致法国不少地区宣布进入紧急状态，而动乱风潮的一个起爆点就是这处民居。

就其本身而言，恰恰正是他所试图疗救的那种衰颓病态的临床症候。他继续慷慨陈词，“世纪末”是“伪现实主义”的问题，其特征体现为“悲观主义和那种随之而来、难以抗拒的倾向——人们委身于放荡堕落的观念，以及那些最粗俗和最不洁的表达方式”。颇为生动有趣的是，他将19世纪末期文化的疾患痛苦与人体因寄生虫导致的脓肿溃烂而遭受的痛苦相比较——其实这种生理病痛只是由于链球菌与葡萄球菌的存在减弱了人体的抵抗力，让人患上流感而致。大约在同一时期，贾科莫·普契尼（Giacomo Puccini）也表示了相似的观点，说艺术是疾病。他的论调得到了更积极的相应，的里雅斯特小说家伊塔洛·斯维沃（Italo Svevo）就发觉自己对巴斯多病（Basedow's）的病理症状有着浓厚的兴趣。在英语国家，这种病经常被称为格雷夫斯症（Graves'）。这是一种甲亢病，会导致骨骼改型重组过速，间或还会引发畸形。

在同一历史时期，蒙克的绘画主题是心理焦灼，修拉（Seurat）则对神经病学有所涉猎。稍后一段时期，当原子理论日渐清晰，毕加索则玩起解析分割和知觉观念的立体主义游戏，而超现实主义者则与弗洛伊德携手，设法进入了那令人不安的梦的世界。与此同时，建筑师与设计师们开始探索结构的本质，去发现他们自己领域版本的“真实”。这里将有一种真实，来替代那已经被工业化和城市化驯服的自然世界。整体而言，建筑师与设计师们要比画家群体更乐观一些。他们也更执著地去追求美，消灭丑，还要铲除病态形式、悲观主义、放荡淫乱的观念、粗俗的表达模式，以及寄生虫引发的化脓生疮。

这样一个时刻，建筑与设计篡夺了绘画作为表达美之理念首选渠道的传统角色地位。经历了19世纪的迷乱与困惑——那近百年间，人们普遍偏好亮闪闪的深棕色家具，各种风格杂交混搭——之后，建筑与设计中的现代主义正在向秩序回归。根据勒·柯布西耶的说法，现代主义建筑旨在构成一种佐证，证明建筑是“智力与见识的游戏，这种游戏是将形式在光线下组合起来，并要显得正确和高尚”。

柯布西耶的这一定义令人信服，明智的人中没有几个会拒绝奉行或效忠此定义。即便帕拉迪奥与克里斯托弗·列恩（Christopher Wren）穿越时光，想必也不会对此有多大异议。只要是造访过贝桑松附近的朗香教堂（Notre-Dame-du-Haut）或者位于里昂附近拉布雷勒-伊维克斯（Eveux-sur-Arbresle）的拉图雷特（La Tourette）修道院，那无论是谁，大概都能看出这两座建筑中似有魔力神助。柯布西耶的设计同时从干净的线条和飞机的理性外形中汲取了灵感，并且，瓦尔（Var）那树木繁茂的宁静山地间位于勒托罗纳（Le Thoronet）、塞朗克（Sénanque）和希尔瓦卡纳（Silvacane）的西多会（Cistercian）隐修基地的庄严建筑，也给他以很大启迪。

我与假海龟的辩论

这些乡间修道院是浓缩的抽象表达，涵盖了这些理念：完美的几何体、在光线中形式的组合以及建筑作为非常高尚的意图功能载体的证明和

No. 146.

MEN OF THE DAY, No. 29.

左页图：《名利场》（*Vanity Fair*）杂志上呈现出的亨利·柯尔的形象（1871）。利用“水晶宫”万国博览会的盈余资金，柯尔于1852年在伦敦的装饰艺术博物馆（后来更名演变为维多利亚和阿尔伯特博物馆）创建了恐怖屋展室，其目的在于通过实例让人们警醒“错误的原则”。

演示。简直无法想象，任何人，哪怕是一只假海龟，都会觉得这些建筑不够令人喜悦振奋。当然了，柯布西耶也是这样阐释这些建筑的。不过，莫名其妙的是，柯布西耶与其追随者却被视同为丑的使徒、传统的叛徒和极端的“媚丑者”。21世纪初，法国市郊住宅区爆发骚乱，其起爆点便是图卢兹-勒米雷尔的一处民居，而这一小区项目的设计者便是柯布西耶的门徒。不过，实话实说，这里惨淡阴森、看起来污秽肮脏的水泥高架廊道和令人感受到威胁的条块塔楼建筑，与勒托罗纳一带神圣的修道院相比，当然就差太多了。

世界（蓄意地）变丑，这个问题源起于这样的时刻：当消费者选择权——或类似这样的权利自由——在人类世界最初成为可能。当大量的新式家具店在很多城市中开业，一个不同以往的历史时代便宣告到来，这时候的人们——正如那句难听的话所说的那样——开始“买自己的家具”（而不再是看似更具贵族气度地继承父辈的家具）。巴黎有了拱廊步行街商店，左拉笔下的娜娜将鼻尖贴在橱窗玻璃上，贪恋地凝视那些花哨的货品……就像她的主顾们曾经对她垂涎三尺那样。

人类卖淫与货物交易之间的交叉重叠有着重大的意义。卖淫可能是最古老的职业，但这门生意在法国俨然官僚衙门般地得以体系化的同时，也是百货商店开始系统化贩售商品的时刻，而且博物馆也开始系统化地搜罗展出植物、贝壳和动物骨殖。

随着建筑与设计领域消费者选择权的出现，消费者对于这些事物的怀疑也同样到来。不过，这种怀疑花了一点时间才演化成形。19世纪中期以前，对建筑与设计的敌意化负面批评并不常见。历史上很可能有过这样的时期，那时的人们对一栋新建筑投注的目光甚至不会超过对一棵新奇的树木（不妨如此举例）的关注。18世纪并没有自然资源保护论者或者专业评论家——这些人力资源分工的现代现象是在对抗丑的论战中才产生的，有些人自封为反丑阵营的代理人。

然后有了一场大分裂，现代世界也由此构成。正如汉斯·塞德迈尔（Hans Sedlmayr）在《光之死》（*The Death of Light*，1964）中所解释的，出现了“一种具有典型性挑衅刺激意味的丑……过去没有哪一个时代，人类曾带着厌恶和反感去打量审度建筑的表现形式……直至古典时期，建筑都只具备一种自然的功能”。这里隐含的意思很明显，那就是当事物不再自然时，便变得丑陋！

约翰·卡尔·弗里德里希·罗森克朗兹（Johann Karl Friedrich Rosenkranz）是哲学家黑格尔（Hegel）的信徒，他一生致力于研究其导师那令人困惑沮丧的方法论。从1833年起，他稳坐柯尼斯堡大学哲学教授的讲席。除了众多深不可测、奥妙难解的哲学探索之外，他还写过一本《丑陋狰狞之美学》（*Ästhetik des Hässlichen*，1853），此书是最早讨论丑这一问题的专著之一。

恐怖的夜壶

在英国，居家内饰——而不是哲学研讨讲座——是美与丑交锋的战

上图：德意志工艺联盟共同体的标志。

左上图：1924至1925年，德意志工艺联盟展览“一无装饰的形式”（Form ohne Ornament），推崇帕佐瑞克的美学原则：实用性能至上的装饰便是错谬。图中为展会目录手册上汇集的部分器皿。

场。黛博拉·柯恩（Deborah Cohen）在其著作《家中神像：英国人及其财物》（*Household Gods: The British and their Possessions*，2006）中生造出“中产阶级的自我塑形”。而1850到1859年间，狄更斯在其编辑的周刊《家常语汇》（*Household Words*）中经常琢磨这样一些概念，比如布利克斯顿一座平房的内部装饰与陈设，以及由此透露出的房主的品位。出于偶然，《家常语汇》多了一个功能意图，那就是充当提升文盲劳工阶层美学修养的工具，但周刊的选材范围、读者覆盖面和目标受众最终还是瞄准了中产阶级。在《远大前程》（1861）中，狄更斯将威米克（Wemmick）在沃尔沃斯的那栋俗丽的哥特式房舍与贾格斯律师（Jaggers）在苏荷区的相对更为朴素清峻的住宅进行反差对比，并由此提出了一个道德内涵暗示。在有文化的、受过教育的阶层中，人们普遍认可的是，好的居家环境会孕育出更优秀的人。正是在这种提升修养的历史语境下，亨利·柯尔（Henry Cole）与理查德·雷德格雷夫（Richard Redgrave）在伦敦的装饰艺术博物馆（维多利亚和阿尔伯特博物馆）创建了一个恐怖主题陈列厅。以在“水晶宫”（被拉斯金贬斥为巨大的温室）举办的万国博览会的盈余资金为基础，这间“恐怖屋”展示的都是根据“错误的原则”而设计出来的物品。这个展览1852年开幕，旨在同时教育消费者和生产商，让他们了解“品位的正确原则”。这个全新的尝试是一种意义深远的警示。

也正是这样的时刻，作为具有改善提升力量的设计，变成了体系化、制度化的存在——尽管“错误的原则”并不一定已经被完全消灭。柯尔当年陈列的、让人想起万国博览会的其他展品，还包括阿尔伯特亲王纪念塔的资料。这座纪念塔修建于肯辛顿花园，1876年揭幕开放时并未受到推崇，反倒招致了不少批评，但现在却是伦敦的重要景点之一。最终，这座纪念塔被认为不仅是一座王子般高贵理想的丰碑，而且是另一更伟大观念的见证物：关于品位，唯一可以确定的就是，它总是在不断变化。

尽管如此，在柯尔于1882年辞世后不久，他还是获得了荣耀，被尊

次页左图：顺时针方向从左上开始，来自柏林器物用品博物馆“工艺联盟档案”（Werkbundarkiv）。仿木材质与细工镶嵌的垃圾铲（约1890）、仿玳瑁（龟壳）材质与细工嵌花的发梳（20世纪中叶）、仿象牙（实为赛璐璐塑胶）的剃须刀（约1940）和仿兽角的发卡（20世纪中叶）。

次页右图：带有纳粹万字符号的纸质灯罩（约1940）。实际上，德国国家社会主义工人党禁止生产类似此物的“媚纳粹”的纪念品。

为——恰如伊丽莎白·伯尼森（Elizabeth Bonython）所称的那样——具有“奇迹般力量的社会品位的改革者”。因为柯尔在科学与艺术主管部门的努力，有一位作家在1885年宣称：“英国人已经转变了，从市侩的菲利斯人变成了艺术的爱好者。即便是在简陋的茅屋中，我们现在也可能会发现一些虽然廉价但却体现出设计艺术感的器皿，还有其他悦目娱心的小家当。而仅仅数年之前，除了在富有的人家中，你到处所能看到的只是丑陋庸俗的图案花样与便宜劣货。”

完全有理由猜测，这位作家夸大了其同胞在居室装饰风格方面发生的改变，但柯尔志在铲除消费领域之丑的倡议和决心却在整个欧洲产生了影响。1909年，担任斯图加特州立工艺品博物馆主管的古斯塔夫·E.帕佐瑞克开设了一个专题陈列空间，这个展示主题的英文翻译各有不同，既有“轻率艺术博览馆”，也有“坏品位陈列室”。1899年，帕佐瑞克——此人也是一位剧作家和诗人——在《艺术界》（*Der Kunstwart*）杂志上发表文章，解释说每座博物馆都应该有一间“酷刑虐待室”、一间“恐怖屋”，好让那些审美麻木的人来感受体验、得到教化。根据这一构想，帕佐瑞克收集了900多例丑陋物件。1933年，尽管这位“坏品位陈列室”的创办者强烈抗议，那些藏品还是遭到撤展，被束之高阁。

这个专题展览一百周年之际，柏林的器物用品博物馆（Museum der Dinge）首次尝试重现这个展览，除了原有展品中残存的约700件，还邀请来参观的柏林人捐献当代设计的、骇人的庸俗劣作或者工业化生产的丑陋器物。以德国人那令人赞叹的认真仔细的态度，帕佐瑞克列出了一份系统化的清单，来描述审美领域的罪愆。虽然他的观点不可避免地是由与当代迥然相异的社会情境（在1909年的德国，德意志工艺联盟所主张的原初现代主义或前现代主义正与一种大众民主式的、对于“约德尔风格”*（Jodelstil）的偏向进行拉锯角力，而且并非总能战胜）铸成，但器物用品博物馆的主事者却发现，帕佐瑞克那份1909年的清单作为对审美品位的一种探测考验，竟能一直保持着切中肯綮的相关性与意图中的功能，实在令人咋舌。

帕佐瑞克的原则

帕佐瑞克认定，有五种类型的错谬可能会导致丑：材料之错、设计之错、装饰之错、媚俗之错与当代之错。这份清单过于德国化，无法全本复制再现，但简化编辑之后的版本——呈现出的几乎是诗歌般的形式——依旧可以部分透露出其论争推理所具有的强大的说服力。

材料之错

- 劣质的材料、多节疤的木材、低品质的合金、有毒物质、廉价的加工工艺、隐藏的缺陷、变形的模具以及有斑点污痕的釉面。
- 由人类或动物身体部分做成的器物，包括骨头、皮肤、指甲、犀牛角、鸵鸟蛋、鹿角、牙齿、脊骨、羽毛、鱼鳞、蜥蜴、龙虾螯爪、蝴蝶与甲虫、卵膜。还有植物中的坚果、香料、蕨类、菌类。另外还有冰块、面包和着色的沙子。

*约德尔是瑞士和奥地利的山歌小调传统，特征是真假声急变互换来演唱，曲调通常活泼、高亢。德国艺术界的约德尔风格是指民众在集体无意识状态下对于民粹、民俗特色物品的偏好。

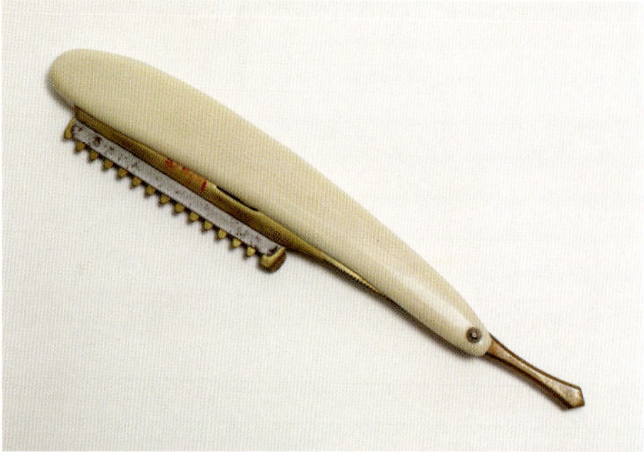

- 那些超出物料承受限度的、勉为其难的过度嗜好。忽视材料固有天然属性的手工艺品。
- 任何以昂贵得不近情理的材料所制成的器物。
- 加工一种材料，去模仿另一材料的特征。
- 表面易破碎的材质。
- 以替代性的物料假冒价值更高者，反之亦然。

右页图：还有哪本书的书名比这个更凡庸乏味呢？查尔斯·多布森（Charles Dobson）所著的《混凝土浇铸屋顶的历史：在德国的起源与发展》（1959）。

设计之错

- 扁平图案运用于三维立体物品，反之亦然。
- 任何设计得太重或太轻的物件。
- 任何有尖利边缘之物、不能顺利倾倒内容物的器皿、握持起来感觉不舒服的把手以及无法便利地加以清洁之物。
- 组合功能之物，而这双重功用中，无论优选哪一个，用起来都难以适切顺手。
- 谎称的功能，包括建筑装饰。
- 功能性器物，但其形式与其目的功用之间无合理可解的智性关联。
- 模仿手工效果的机械制造的物品。
- 无聊轻佻的创意发明。
- 仿冒赝品。

装饰之错

- 突兀冒失的或古怪的比例。
- 狂热过度的虚饰和用于掩饰缺陷的装饰。
- 无技巧地或不明智地运用装饰，比如忽略了天然植物图案的自然逻辑。
- 对表面特征的破坏入侵，比如在木材或纸质物料上呈现大理石纹，给陶瓷或玻璃镀金。
- 偶然意外造成的装饰，如墨水渍、倾倒泼洒的釉彩、融化的蜡以及恍惚出神间所作的画。
- 故作新奇。
- 对国徽之类的国家标志的嘲弄或误用。
- 时代元素误植与异域情调。
- 夸张过度的最后润饰，包括彩虹色与荧光色。
- 原始尚古元素与民间艺术。

媚俗之错

- 沙文主义、纪念品、民俗风情、体育与运动明星纪念物以及伪信仰。

当代之错

- 将怂恿攻击侵害的器物野蛮化、残暴化。
- 为儿童所制作的物品。

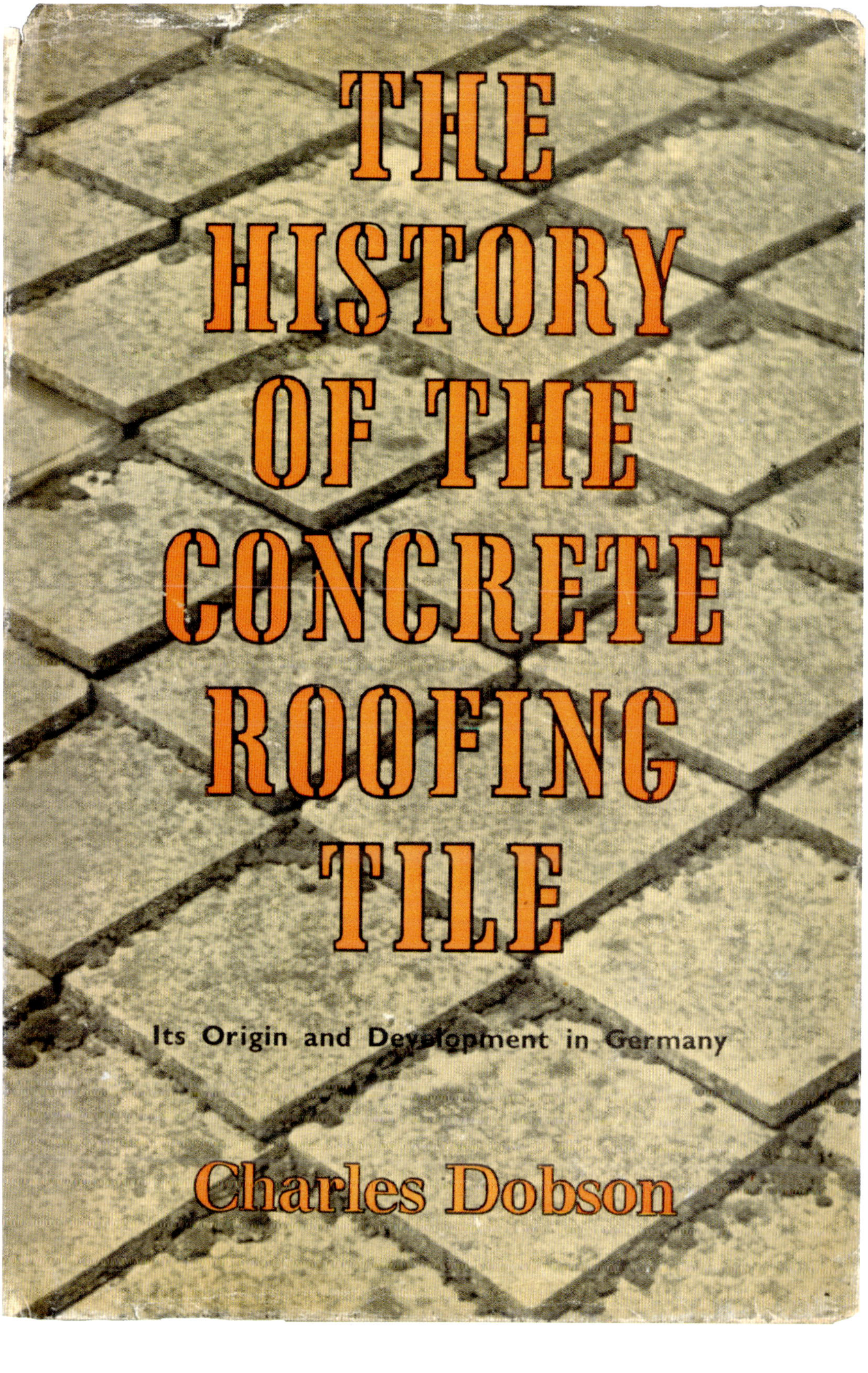
THE
HISTORY
OF THE
CONCRETE
ROOFING
TILE
Its Origin and Development in Germany
Charles Dobson

SOUTH BANK EXHIBITION
LONDON
A. GAMES
1951
FESTIVAL OF BRITAIN
GUIDE PRICE 2/6

上图：史密森夫妇设计的亨斯坦顿中专技术学校，位于诺福克郡境内（1954）。这对建筑师追求的是“平凡与光线”，其设计灵感也源于这一理念。

左页图：艾布拉姆·盖姆斯（Abram Games）为“不列颠节”目录图册设计的封面（1951）。英国民众经受了战争的创痛，战时的食物定量配给也曾让人们饥肠辘辘、心身疲惫，而这个节庆的意图是提振人们的生活热情与信心，让他们看到文雅体面的、现代派未来的愿景。

- 浪费资源，尤其是一次性或用后即弃型产品。
- 污染。
- 以动物为战利品。
- 性别歧视与种族歧视。
- 对排他性独占权的夸张强调。

在所有致力于改造消费者意识和艺术教育的革新者——包豪斯学派也包括在内——当中，帕佐瑞克的这些原则，就其认真细致和全面的程度而言，从未有过能出其右者。也许，就其说服力或可靠性而言，也独步天下。

粗陋生硬的混凝土

混凝土这种粗陋生硬的东西是建筑之丑的探讨中一个难以回避的案例。有没有什么别的材料曾遭到过如此的鄙视与贬低？听说过《混凝土浇铸屋顶的历史：在德国的起源与发展》（*The History of the Concrete Roofing Tile*，查尔斯·多布森著，1959年由伦敦的巴茨福德出版社印行）这本书吗？还有什么书名比这个更真实、更乏味？此书的宣传广告小心翼翼地解

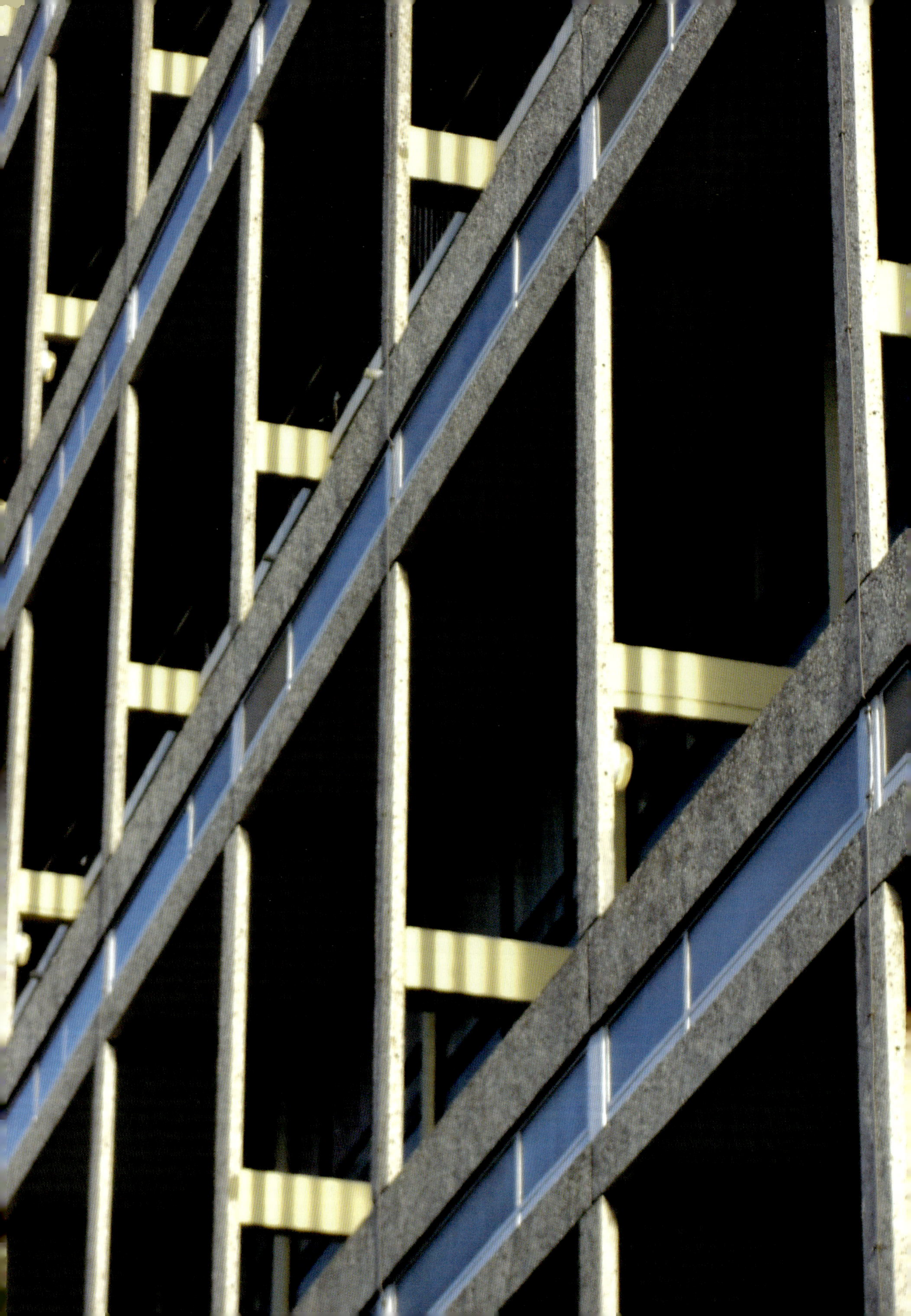

左页图：位于罗汉普顿的奥尔顿大楼细节（1958—1959）。这是在伦敦西南区域的公共绿地环境中实践了柯布西耶“垂直花园城市”的理念。在这种社会福利住房的形态模式失宠和名声扫地之前，奥尔顿大楼曾经受到众多建筑师的观瞻膜拜，是他们朝圣巡礼的目的地之一。

次页图：厄尔诺·戈尔德芬格尔设计的位于伦敦的特里克大厦（1972），麦克·希鲍恩（Mike Seabourne）摄于1999年。“粗野主义”最初的意图并非表露出粗鲁无礼或冒犯。班纳姆强调这一概念术语时，是用来描述这样一种建筑：“所有的设想与概念都呈现得简单明白，让人一看便懂。没有秘密，没有浪漫造作。”

释道：“编撰本书是出于一个很简单的目的，关于混凝土浇铸屋顶在英国的起源与发展，那些众所周知的一般信息已经有过介绍。有的人除此之外还想了解更多，这本书就是为了满足他们的兴趣。”混凝土在一定程度上是某种示例，证明了现代主义的修辞隐喻——将正确而高尚的形式在光线中组合起来——并非总是显得言之有理、可信可靠。

粗野主义如今被宽泛地用作一个表示贬损毁谤的概念，描述的是一些现代建筑——通常是混凝土构造，它们被断言是设计师本人自觉自知的一种丑。Brutalism这个词很可能是在1950年由汉斯·阿斯普伦德（Hans Asplund）生造出来的，而该词的普及则是在五年之后。1955年，博学通识的建筑历史学家雷纳尔·班纳姆在《建筑评论》（*Architectural Review*）杂志上发表了一篇文章，题目叫《新粗野主义》（*The New Brutalism*）。就英国业界对于建筑与设计的知性觉醒和理性意识而言，1955年也是一个全盛高峰期：当年6月，伊恩·奈恩（Ian Nairn）在《建筑评论》上发表《愤怒》（*Outrage*）一文，呼吁公众——就如一个世纪前亨利·柯尔所做的那样——要警示提防丑这一邪教般狂热取向的扩散。班纳姆在文中以柯布西耶提出的beton brut为论述起点。这个法语词表达的意思并不复杂，是指“原初状态的光裸混凝土”。对很多现代主义者而言，这个词代表着荣耀的徽章，但其中也暗示着一种挑衅性的、刺激眼球的丑化立场。

班纳姆是英国一对夫妻建筑师组合——彼得与艾莉森·史密森（Peter and Alison Smithson）——的支持者。史密森夫妇的设计项目很少，但在20世纪五十和六十年代的伦敦，他们作为建筑学教师和理论探讨的争鸣者却有着巨大的影响力。他们态度坚定、锋芒毕露，或许还过于严肃、缺乏幽默感。夫妻俩对当年建筑界风气变化的趋向感到幻灭和不满：介于两次世界大战期间、那带有英雄崇高气质的现代主义已经稀释弱化，演变出的形态要么是以地毯和不锈钢浅弧面体为代表的、文雅谦逊的北欧风格装饰，要么就是休·卡森（Hugh Casson）的“不列颠节”那热闹逗趣的轻浮做派。

史密森夫妇的实物宣言是他们设计的一所学校，位于诺福克郡北部沿海的亨斯坦顿（Hunstanton）。这栋校舍1954年揭幕启用，以其新颖原创的风貌让业界凝神屏气、为之侧目。建筑所用的材料坦率裸露、不加装饰，金属结构部分清晰可见，机械与电气设备也明确地暴露在眼前，仿佛为这篇建筑叙事添加了生动的修辞效果。班纳姆——他本人或许对罗兰·埃米特（Roland Emmett）那“远方颤巍巍摇摆的牡蛎溪支线窄轨小铁路”*的古怪意念和离奇幻梦已经感到了些许倦怠厌烦——评价这个学校的设计是“新粗野主义”。这样说的时候，班纳姆不无热忱，甚至满怀激情。

他解释说，粗野主义试图“将所有的设想与概念都呈现得简单明白，让人一看便懂。没有秘密，没有浪漫造作。关于建筑的功能、通风、人员进出移动的通道，也没有任何晦涩模糊之处”。班纳姆相当钦佩柯布西耶能将“原初状态的光裸混凝土”实实在在地利用为一种墙体建构与表面塑形的媒介。采用这种手段，建筑师们经常将混凝土直接注入粗糙原木板材搭成的模板中，模板拆除后，混凝土墙面上就留下了（自然）木纹的美丽印痕。在马赛的阳光照耀下，在侏罗省（Jura）那清新凉爽的微风中，这些印痕伸手可触，那种美妙的质感令人心醉神迷。但是，当同样的技法用于

*埃米特的漫画连载中虚构的一条窄轨小铁路。该漫画作品创作于二战前，1939年发表于《逗趣》（*Punch*）杂志。

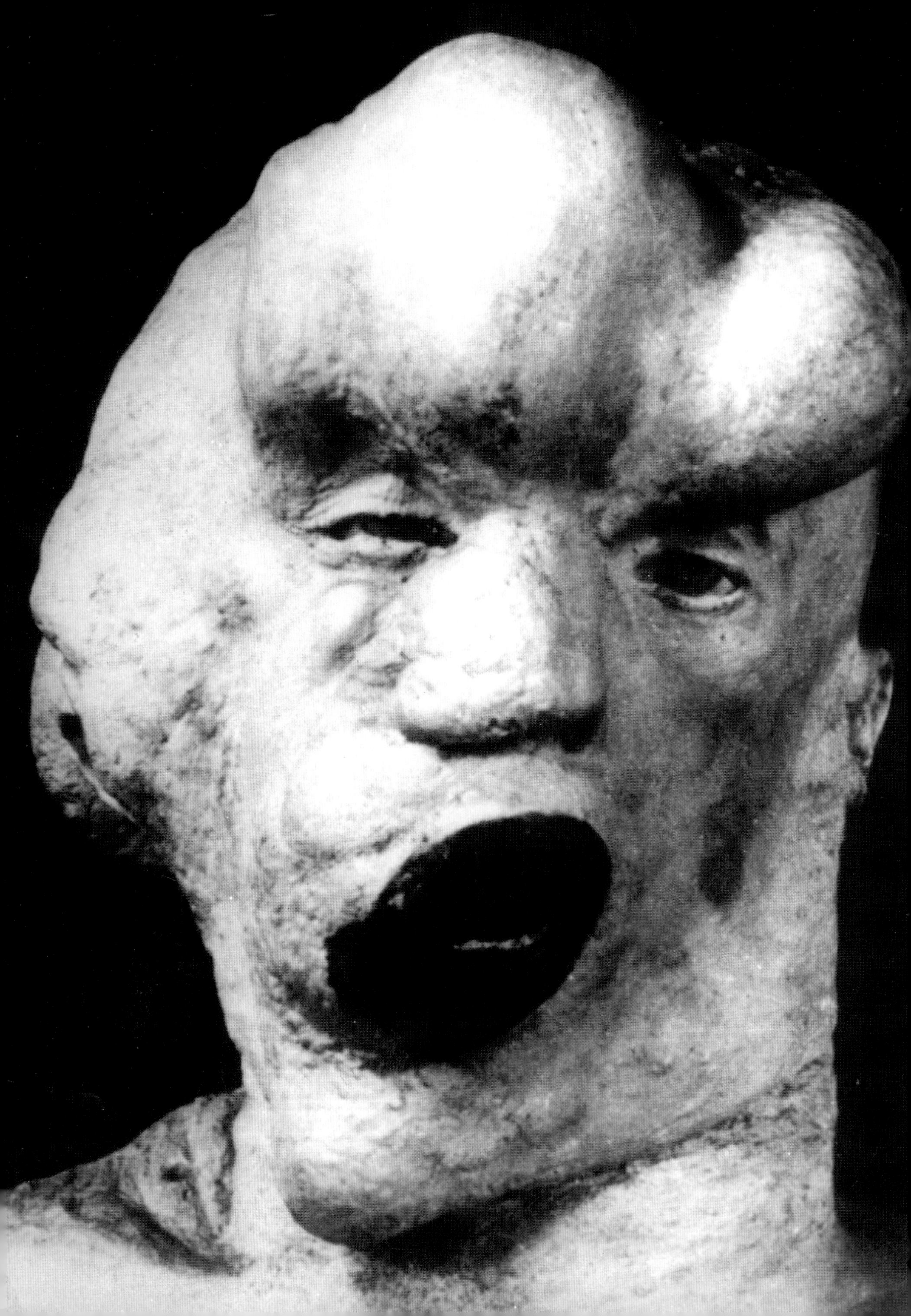

右图：法雷尔设计的伦敦“早间电视台”办公楼（1983）。该建筑是由一座汽车修理厂改造而成，屋顶上带有怪趣的蛋杯状附加物造型。滑稽的动物意象造型成为20世纪八十和九十年代后现代建筑与设计的一个流行特色。

左页图：“大象人”约瑟夫·梅里克（约19世纪80年代）。反常的肌肤与骨骼生长让梅里克痛苦不堪。自愿进入一家马戏团之后，他在一定程度上倒是变成了一位名人。

次页左图和右图：迈克尔·格雷夫斯为阿雷希设计的水壶（1985），壶嘴上有一只翠迪鸟。斯蒂凡诺·乔瓦诺尼设计的“喔喔蛋”（Coccodandy，1998）煮蛋蛋托，也是阿雷希出品。

罗汉普顿的社会福利住房奥尔顿大楼（Alton Estate），或者谢菲尔德的“公园山”（Park Hill，公寓），或者肯辛顿北部厄尔诺·戈尔德芬格尔（Erno Goldfinger）设计的特里克大厦（Trellick Tower），或者史密森夫妇的另一设计“罗宾汉花园”*（Robin Hood Gardens），则没有那么成功。虽然粗野主义的建筑设计旨在表达“真相”，却很快就被指责说丑得不可救药。

有趣，但不好

有时候，那些密切而又审慎地观照建筑界动态的现代主义者甚至也认为粗野主义设计太丑。1963年，在耶鲁大学保罗·鲁道夫（Paul Rudolph）建筑学院的开幕式上，尼古拉斯·佩夫斯纳（Nikolaus Pevsner）发表演讲，结果导致听众们大为愤慨。鲁道夫是美国的一位粗野主义者，佩夫斯纳在致辞中谴责他处心积虑地营造戏剧化的夸张效果，从而背离了现代主义的正确道路。因此，如果说20世纪建筑中，“真相”与美之间有着一种不明确的模糊关系，那么，丑与有趣之间的关系亦如此。在现代主义众神的万神殿中，柯布西耶的有力竞争者是米斯·凡·德·罗（Mies van der Rohe）。

*伦敦市政当局开发的公租房综合小区。

ALESSI
ALESSI

本页和次页图：文丘里的《建筑中的复杂性与矛盾性》（1966）是后现代主义者的“《圣经》”。他的代表性建筑作品包括费城的“行会大楼”（1964）与伦敦国立美术馆的塞恩斯伯里侧翼展馆（1982）。塞恩斯伯里展馆这一黯淡沉闷、乏味呆板的杂凑拟古之作，最终取代了之前另一个被广泛看好的方案——大概是因为威尔士亲王曾声音洪亮、言之凿凿地贬斥该设计为“畸形丑恶的大痈疔”。菲利普·约翰逊给“行会大楼”的评语是“丑陋而令人厌倦”。

OUSE
PCA

ECONOMIC
KR06 ESF
T293 JKO

THE NATIONAL GALLERY

米斯曾宣称：“是否有趣，我不在乎，我只要好。”所以，在美与丑这个问题上，又建立起另一个差别标准：从自然与人为造作的对立，转向了有趣与好的对立。正如保罗·戈德伯格（Paul Goldberger）在《建设与拆毁》（*Building Up and Tearing Down*，2009）中所阐释的那样，米斯扮演革命的核心角色，但他同时也是一个反革命者，致力于设计美丽的建筑。

后现代主义是针对众多事物、常识和包括粗野主义在内的、受到尊奉神化的“有趣的”建筑的一次反动。一般而言，后现代主义意味着“画蛇添足风格”和异形奇特的效果。如果说畸形人是自然畸变的一个例证，证明了从常态偏离，沦落入不幸困厄的状态，那么后现代主义建筑便是这种自然畸变的人为对等物。如果你要在建筑设计中找到那种畸变的表现——如“大象人”、生于日内瓦的“大胡子女人”克罗夫莉娅或者胡安·巴普蒂斯塔·多斯·桑托斯（Juan Baptista dos Santos，因长有两条阳具而闻名天下的人物）那样的畸形，那么，只需去查阅任意一本后现代百科全书。引人瞩目的是，在后现代图形造像那乌七八糟、一片怪诞的大杂烩中，鸟类——就如前述媚俗坏品位大潮中的飞鸭——是一个反复出现的意象元素：如特里·法雷尔（Terry Farrell）设计的伦敦“早间电视台”办公楼上的类鸟状“特征物”，以及迈克尔·格雷夫斯（Michael Graves）为阿雷希（Alessi，意大利家用品设计制造公司）设计的烧水壶壶嘴上可爱的翠迪鸟（tweety）。斯蒂凡诺·乔瓦诺尼（Stefano Giovannoni）也为这家制造商设计过一个带有小鸡装饰的煮蛋小用具。

后现代主义的起源，如果要说得像考古学那样精确的话，那还真是难以确定，粗野主义也同样如此，但是概括而论的那些说法却也毋庸置疑。对于后来才以后现代主义之名为人所知的这种美学新取向而言，罗伯特·文丘里（Robert Venturi）的《建筑中的复杂性与矛盾性》（*Complexity and Contradiction in Architecture*，1966）可谓是“《圣经》”。后现代主义有着一种故意而为之的企图，要将俗常平庸之物拔高至艺术的层次，将媚俗之作升格为丰碑般的杰作。这是对帕佐瑞克的原则或阿道夫·卢斯的箴言劝诫加以完全反拨。关于品位倾向的变化无常——至少是在那些艺术精英人物身上——大概没有比后现代对现代主义的这次反转更可靠确信的证据了。不过，我们或许可以提出一个论争，那就是那些相对来说卷入得没那么深的消费者的偏向喜好反倒是更加连贯稳定。

文丘里与妻子邓尼丝·斯科特·布朗（Denise Scott Brown）搭档组成团队，一起从事设计。两人的代表性作品是位于费城的“行会大楼”（Guild House）。这实际上是一座老年公寓。相应地，那些主顾们显然也要求不高，只希望建筑明确地表现出一点造作的温情之感，而这栋楼也符合他们的期望。文丘里夫妇利用了粗笨简单的细部枝节和廉价的现成部件来构筑此楼。本来或许应该有类似船首纹饰装点的正前部楼顶，只是随便安置了一座仿冒的、金色的电视信号小型接收塔（甚至连老年精神病学人士都觉得这玩意儿扎眼、有辱观瞻，结果被拆除了）。这种卖力而矫情的、讨好卖乖的“忸怩可爱”是当年流行风格的典型表征。当时还有一种懒惰的看法也颇有市场，那就是现代主义之所以曾一度受宠，是因为与其所取代的新古典主义相比，现代派建筑的造价会低很多。

丑的扩张，如细胞分裂繁殖

斯基德摩尔·奥因斯与美林（Skidmore Owings & Merrill）设计事务所的建筑师戈登·邦夏夫特（Gordon Bunshaft）将柯布西耶的建筑语言带到了擅于公司化运作的美国，他直言“行会大楼”的观感“丑陋而平庸”。文丘里夫妇似乎反倒乐于听到这个评价，回应说：“一种文化中丑陋而平庸的东西代表的是社会中的民主大众阶层，因为这些事物是大众意识的具象体现。”有些人，尤其是属于民主大众阶层的，不免会觉得这种表态有点纡尊降贵、恩赐俯就的意味。菲利普·约翰逊（Philip Johnson）与米斯·凡·德·罗共事，也很欣赏后者的风格，因为那种风格“易于仿效”，他给“行会大楼”的评语是“丑陋而令人厌倦”。如此看法，言之有理。

后来，文丘里写了一篇《向拉斯维加斯学习》（*Learning from Las Vegas*），该文章是对城市蔓延扩张的一首赞美诗。文丘里对丑化褒举称颂，遭到了奥罗克的嘲讽挖苦：“约翰·范布鲁爵士（Sir John Vanbrugh）向马尔伯罗首任公爵（Duke of Marlborough）呈递布莱尼姆宫（Blenheim）的设计方案时，公爵可从未这样说过，‘这里需要摆一个照相的摊位，再给我弄一块15米高的银行公告牌，上面要显示当天的时间、温度，还有6个月定期存款的利息率。另外，养鹿场里都给我铺上路面！’”

在伦敦国立美术馆延展扩建工程——这个建筑项目的出资者是一位超市大亨巨额遗产的继承人——的设计招标中，文丘里光荣胜出。位于特拉法格广场的这一恢弘壮伟场址，随着评论者竞相（牵强附会也好，故作惊人之语也罢）搜罗隐喻意象来描绘大量爆发的建筑之丑，而使其具有历史突破性地与皮肤病紧密关联了起来。伟大的建筑史学家亨利-拉塞尔·希区柯克（Henry-Russell Hitchcock）曾是约翰逊的合作者，关于采用了威尔金斯（Wilkins）方案的国立美术馆原初建筑上方的圆顶，他曾直言抨击那在形态上就像是痘疱、丘疹。而在文丘里赢得美术馆扩建项目之前，由阿伦兹·伯顿·考雷莱克（Ahrends Burton Koralek）为此工程提交的一份庄重的设计方案，刚刚遭到威尔士亲王的否决。亲王以“色彩斑斓”的言辞指斥该方案像个“畸形丑恶的大痈疔”。于是，痘疱、丘疹与痈疔为文丘里那最终的“装饰性外壳”腾出了地方。这个项目完成于1991年。在我看来，此扩建场馆完全有资质荣膺“伦敦最丑建筑之一”。

罗伯特·文丘里这位脏污的、杂凑混乱的、陈腐凡庸建筑美学的佼佼者，当今已然或多或少遭到建筑艺术的严肃从业者和思想者的摒弃或排斥。

我们不得不干点坏事

现代主义的纯粹代表了一个死胡同——即便在试图避免与现代主义达致高潮之后迎头碰撞时，后现代主义者确曾拐进了一个错误的弯道。当一个产品——比如迪特·拉姆斯（Dieter Rams）的“白雪公主小棺材”（Schneewittchenssarg）——已经达到极致的完美，那就真的没有什么余地可供“干净的线条”施展身手了——此即现代主义的死胡同。这个产品被称为“白雪公主小棺材”，不仅是因为那灰白色的金属部件呈现出的绝对纯净，还因为它的玻璃上盖与迪斯尼拍摄的这一童话故事中出现的棺材相似。拉姆斯设计的这台电唱机，如果你凝神细看，就会感觉仿佛是在注视着包豪斯的余韵遗骨。

因此，设计师们最终开始去寻找变通与出路。及至1990年，这种探求的范围已经收缩，搜索的标准也略有明确。这一年，平面设计师第伯·卡尔曼（Tibor Kalman）在美国图形艺术协会（AIGA）研讨会期间的发言被刊登于《印画》（*Print*）这一平面艺术的权威杂志上。他说：“我们不得不干点坏事。当然不是那种出品垃圾设计的坏法，而是要做反叛教条成见和拒绝循规蹈矩的坏孩子。如果我们坏了，就可以构成这个商业世界中的美学良知。我们可以打破平庸乏味的循环周期。我们可以堵塞那无聊的生产装配线——那里一件接着一件出来的都是看上去大同小异、枯燥无趣的垃圾货。我们可以自问，‘干嘛不弄点新东西出来，那种具有艺术诚实感与意识形态勇气的新东西？’我们可以自问，‘干嘛不做点出格的事情，来迫使自己去改写所谓的‘优秀设计’的定义？’首先，也是最重要的一点，干点坏事说的是，要在这个商业化的世界中重新确立这样一个理念——设计师是艺术的代言人，就像传教士是上帝的代言人那样。我们在这个商业世界中，不是要向人们提供稳妥保险的、权宜便当的东西，也不是要将所有富于视觉趣味价值的东西从地球表面上抹去。我们要让人们这样考虑和认识设计——设计是一种冒险与试探，是不可预知的。我们要将艺术因子注入商业的躯体。我们就是要做坏小子。”

帕特里克·勒·柯门特（Patrick le Quément）觉得这段话颇为受用。他于1987年到2009年担任雷诺汽车的首席设计师，在其任期内孕育并采用了一种独特的好斗的美学策略。汽车产业保守到近乎顽固，看似永远都在用一种妓女般浓妆艳抹的、虚假做作的优雅姿态去谄媚讨好顾客，以此将那些云山雾罩的胡扯兜售给上钩的买家。在这种行业背景中，柯门特的选择可谓大胆。他并未——也不敢——用“丑”这个字眼来描述自己的设计，但他的审美哲学却显然建基于他在知性或智力层面上具有对抗性的艺术实践。在消费主义的历史上，前所未有的，一家大公司竟然决意不去诱惑或附和消费者，而是选择去挑战他们。

勒·柯门特拒绝潮流风格，轻蔑地嘲讽那是“在给一个驼背者乔装打扮”。他只想回避汽车设计领域通行的时尚“世界语”。人云亦云的俗套观点认为，雷诺的“威赛帝”（Vel Satis）是当代最丑的车型之一，而此车便是由柯门特主创。与阿尔伯特亲王纪念塔一样，此车在视觉观感上显得畸形变异，故意使用了与已知科学定论相悖的异常的尺寸比例。这个车型拒绝去取悦或媚惑市场。它就是一个“故意恼人之物”（ugga）。或许更值得一提的是，可想而知，论及商业收益，此车以完败结局谢幕。美或许是烦闷无聊的，但看起来，消费者们却并不——至少目前还没有——想要美的那更有趣味的对立面。“恼人车”的设计者曾悲哀地对我说：“如果你要向前，你只会蹒跚跌倒。”

历史或许会如此解读“威赛帝”：这标志着一场丑化进程的终结，而这场进程始于错误的丑之原则在那个煤烟与活塞的世界中确立之际。

上图：SK4电唱机与收音机，昵称“白雪公主小棺材”，迪特·拉姆斯设计，博朗（Braun）公司出品（1956）。这是20世纪中叶的摩登风范，或是对数字控制的最高敬意？因覆盖唱机顶部的透明玻璃盖，拉姆斯的这个设计以“白雪公主小棺材”的俗称而知名，但这一让人有点毛骨悚然的隐喻指称也有其他的含义。以其对线条干净利落的控制、绝对的自觉自律与近乎疯狂偏执的节制，这一产品可谓经典形式主义的极致表达。这台机器是如此地干净简约，如果听到喧噪混乱的音乐从中流出，你甚至会感到震惊，觉得不合情理或难以接受。

MAY 1969
PRICE $1

Esquire

THE MAGAZINE FOR MEN

The final decline and total collapse of the American avant-garde.

See page 142

10 广告 或 丑东西卖不动

丑是成功的障碍物？
冒犯也可以成功？
为什么要费心去保持整洁？
美是现代商业的驱动力？

商业广告不敢丑。政治宣传也是一种广告，但政治宣传可以说是丑陋的，而且确实如此——就其意图而言常常如此：宣传的意图是通过敌意的表达与拒斥否定的手段来劝服和威慑宣传对象。但宣传只是专注于观点立场的推广，而不是与在人们之间转手易主的钱相关。与政治宣传的侧重点不同，广告吸收了常规的美之理念，然后加以反刍消化，为售卖各类商品——狗粮、卫生棉条、度假休闲、人寿保险，不一而足——而服务。看到舵轮后面在驾驶游艇，滑过海平线的英俊男人没有？他在干什么？在享受海景的壮美？不，根本不是！他是在向你推销一份苏黎世养老金计划。

那些例外的另类作品从反方向证明了广告背后的规则。现代广告中常见的视觉影像都是大同小异的陈词滥调，比如华彩夺目、完美无瑕、锃亮闪耀的汽车，它身上可从来不会落上鸟粪，或者被路上的泥浆灰土弄脏。奥利维罗·托斯卡尼（Oliviero Toscani）觉得这些老生常谈俗不可耐，于是为贝纳通创作了一系列激进大胆的广告。这些广告中甚至根本没有出现这家公司主营售卖的服装，而是呈示出这一类图像元素：沾染着血迹和母腹黏液的新生儿；弹痕累累、千疮百孔的衣服；患了白化病的非洲人。托斯卡尼创作广告的原初用意就是要冒犯刺激受众，也因此跻身于有史以来最著名的——或者至少是被人们争议和讨论最多的——广告案例之列。对广告的一个基本的定位假设，即用美去诱惑顾客，用完美的意象形态去激发占有欲，在此遭到了违逆与悖反。

未来主义者与超现实主义者则欣然享受与广告之间的互补互动。1934年，霍斯特（Horst）为《时尚》（*Vogue*）杂志所拍的束身胸衣美女照片到底是广告，还是艺术？很可能兼而有之。安迪·沃霍尔入职之初，是在一家广告公司担任艺术指导。他随后的创作生涯中，模糊了大众媒体与美术馆艺术之间，以及媚俗与“坎普风”（camp）之间的界限，让这些品类元素难以彼此区分。沃霍尔身后聚集了大量追随者，将他的反讽手段误当作是艺术事业的箴言。大概是有鉴于此，布莱恩·伊诺（Brian Eno）不禁讶异又沮丧，他写道：“时下的艺术家所面临的大挑战，就是要出品那种足够丑的创作，那种无法被广告业挪用的作品。”也许伊诺不必费心于此事，汽车产业已经挪用了丑。当这一情况发生时，所有的美学定义就要被重新评估。

右页上图和下图：与联合国难民事务高级专员公署合作，贝纳通服装呼吁和推动科索沃人道主义行动。下方为参加“贝纳通派对”的“邀请函”（1992）。主流的广告中，所有东西都光鲜亮丽、毫无瑕疵、完美无缺，但摄影师兼艺术总监奥利维罗·托斯卡尼对那种俗套常规感到厌倦，在1982年开始为贝纳通设计一系列激进大胆的广告。这些作品中突出呈现血、死亡和伤口之类的令人触目惊心的图像。

UNITED COLORS
OF BENETTON.

UNITED COLORS
OF BENETTON.

左页图：卡尔·马克思肖像。马歇尔·贝尔曼（Marshal Berman）从马克思的《共产党宣言》中借用了这精彩的一句："一切坚固的东西都烟消云散了。"并将这句话变成现当代生活中不确定状态的概括表述。

雷诺的"威赛帝"这一车型，蓄意营造出一种"看上去就挺难受"的观感，试图以此来达到在行业内脱颖而出的效果。而套用该产业的一些通用行话来说，在当年繁荣的汽车产业市场上，德国人的"美好造型"（Gute Form）或意大利人的"美"（bellezza）则有着强大的传统，支配着汽车设计的形态学。此外，就生产大型车而言，雷诺在这个细分领域内没有既往经验和信用资质，也就不可能指望与德国生产商那属于行业内豪门望族的设计语言进行竞争比拼。不过，随后有一个德国生产商决定放弃那种语言。

2001年，宝马7系正式推出。因为那怪异的车身比例、扁扁的嘴、斜视般的眼睛、肥圆的矮屁股、厚重的侧腰面与畸形的整体样貌，车子几乎遭到一致谴责，都说"太丑"。这是汽车世界中的"巨花魔芋"。有人问艾德里安·凡·霍伊顿克（Adrian van Hooydonk）为何设计出这样明显"挑衅刺激"的外形，他答道："要掌控每个人的感知判断，那是非常困难的。我们一直想要设计出那种能引发情感反馈的车。如果你想避免所有的负面批评，那就出品一些平淡无奇的东西好了。毫无疑问，我确实还相信美。要实现美，比例是极其重要的。不过，我们并没有一本规则手册，我认为那只会给创造力带来束缚限制。但你不能只给人们提供他们想要的那类东西，汽车设计不是一个科学项目。"

20世纪的一个核心信念认为，美可以民主化、大众化。因此，一个完美工业化的人造乐园可以最终取代溪涧、草场与林地构成的自然乐园——同样正是工业化破坏了这一自然乐园。人们需要美，这也是上世纪的一个核心信念。或许确实如此，或许如今人们依旧需要美。因此，当世界上最具影响力的设计师之一艾德里安·凡·霍伊顿克，说他想约束克制那种美——他的顾客们被设想和认定所渴望的那种美——的时候，这就构成了艺术史上的一个重要瞬间与关键节点。

当美被民主化大众化，就变成了一辆单车

无论是在马克思理论的逆反违背者还是在追随遵奉者看来，不管是在哪个取向上，卡尔·马克思依旧还是最好地代表了关于艺术、工业与自然之间复杂困惑关系的论争。到底是存在决定意识，还是意识决定存在，马克思对此也烦恼不已。这个问题换一种说法就是：我们创造了自己的命运，还是命运创造了我们？有鉴于此，就值得去关注一下马克思本人的存在：非常不幸，他当年就是处于丑恶的（工业化时代）疖疮与痈疔的包围覆盖之下。那种令人难受的、畸变毁坏的情境，到底在多大程度上影响了他，让他的世界观以及对当年工业化成果的消费者的看法变得尖酸苦涩？关于这一点，我们很难说，但他的观察结论——呈现于1844年的《经济学与哲学手稿》（*Economic and Philosophic Manuscripts*）中——说道，一个富有之人也许形貌丑陋，但他可以获取美来得到自我救赎，这仿佛是对消费主义的完美润饰。或许，马克思对此不无向往：通过完美的"干货"（指纺织品或服装）的获取来达致审美上的救赎。

现代主义的神话依赖于这样一个理念：如果工业遵循"设计师们"

所制订的规则，那么美就将是这种努力的结果。现代主义可以重建世界。也有很多反对者对这一伟大的信念表示异议。普鲁斯特（Proust）这位锦衣华服的贵公子认为如果任何人都可以在——比如一节平凡的火车车厢中看到美，那无疑是乖谬反常的。普鲁斯特感到不解，在人们已经看过锡耶纳、威尼斯和格拉纳达的艺术遗产之后，一列火车还如何能够将美的事业向前推进。或许是一列火车从眼前经过时，那长串的车厢带来了触动启迪，他于是有感而发：美是“一系列接连的假说与臆测，而丑便是对这连贯序列的生硬打断”。美是对于愉悦乐趣的一种预期。不过，普鲁斯特也承认夜晚看到的军用飞机可以是美的，一如它发出的声音是美的，就像“小昆虫趴伏在那里，以它本有的声律在颤动”。当然了，普鲁斯特的立足存身之地可从没被一架B-52的轰鸣震颤过。

对于单车，普鲁斯特倒是发表过很多的观察言论，而且一般都是正面评价。单车这一工业生产的例证，形态最初级，但却也是最佳的例证，可以是美的吗？歇斯底里的奥维达认为，单车不美。先不提别的，首先“只要是有一丁点美学敏感，就没有哪个男人或女人可以摆出骑车所必需的那种荒唐的姿势”。或许，她当时刚刚读过切斯特菲尔德勋爵（Lord Chesterfield）对于情色性爱的精彩评论：“那种快感是转瞬即逝的，那种体位姿势是滑稽可笑的，那种损耗代价也真是活该。”

但人们最大的担忧还是单车可能对礼仪风度造成的损害。与拉斯金一样，奥维达认为体制化、组织化的体育运动会污损自然世界。拉斯金担心他心爱的阿尔卑斯山将被改造成赛马场，而奥维达尤其关注的是竞技性单车运动所带来的审美惨象。19世纪的人文心理总和中，有一定比例的人群认为，体育不是一种娱乐，而是一个带来革命性毁灭的妖怪：“看看那人吧，在单车赛道上，他在参加比赛，踩着身下的单车一路狂奔，一边还疯狂地叫喊着追赶他的同类，而单车与他似已合为一体。那么，坦白地问问你自己，哦，我亲爱的读者，之前是否有哪个时代……曾经产生过什么造物，竟至于如此露骨、如此彻底地低俗和令人作呕。无论在生理形态上或精神联想上，还是从单个或共同全体的角度来看，都是如此地面目可憎……仅仅是他自身的存在，那令人无法容忍的愚蠢和兽性，便让生命和死亡以及人之永恒不朽的所有崇高意念都显得荒唐可笑。”

纵使有这些反对意见——奥维达甚至悲叹，“大地之美在死去”——单车却不再被继续阐释为一种丑恶的“奇技淫巧”之物，而是成为审美愉悦的源泉，现代文明可能性的典范。就所有必备要素而言，单车的设计远在一百多年前便已成熟了。随后在材料、技术和零件部分都有着持续的提升改进，车架的几何形态——经过各抒己见的种种辩论之后——也持续地发生着微妙的演变，但单车却始终代表着一个难得的范例：这一设计概念已经是如此地臻于完美，以至于激进的巨变在过去和将来都不会发生。单车这一事物会继续发展演变，但只要人类还拥有双腿，还有将其肉身从一处地方转移至超出其能轻易步行覆盖的物理空间距离之外的需求，那么，单车就会存留下去。

尽管有很多竞争者都在争夺这一荣誉的归属权，但“低座单车”的最终定义权和设计成就通常被归功于约翰·肯普·斯达雷（John Kemp

右页图：罗孚牌低座单车（1888）。最原初的单车，前轮大，后轮小，被形象地称为“便士-法辛”车（Penny-Farthing），即言其大轮如一便士硬币大小，而小轮只有一法辛（1/4便士）硬币大小。与大小轮车相比，低座单车座垫位置低很多，骑行时不易摔倒，因此被称为“安全单车”。这一单车的工程设计近乎完美：实用高效、雅致而富于趣味。1910年，约瑟夫·拉克斯为德意志工艺联盟撰写文章，声称“单车即是美”。

STARLEY & SUTTON,

Meteor Works, West Orchard, COVENTRY.

"The 'Rover' has set the fashion to the world."—*Cyclist.*

18½ MILES IN THE HOUR; 30½ MILES IN 1 hr. 41 min. ON THE HIGH ROAD.

The "Rover," as ridden by Lord BURY, President N.C.U.

MANUFACTURERS OF THE CELEBRATED

"ROVER" BICYCLE,

THE "ROAMER" & OTHER TRICYCLES,

"COVENTRY CHAIR," &c., &c.

Price Lists and Testimonials Free. *Full Illustrated Catalogue, 2 Stamps.*

Au Palais-Sport.

右图：“包豪斯”椅——马塞尔·布鲁尔设计、格布吕德·索内特生产的B33号椅子（1927—1928）。包豪斯设计者对新科技醉心不已。布鲁尔这把椅子的设计，据说是从单车车把的钢管上得到了灵感启迪。

左页图：弗雷德里克·雷格梅（Frederic Regamey）在他的《脚踏二轮车与骑行》（*Velocipedie et automobilisme*，1898）中所描绘的单车练习场。并非所有人都为单车的流行喝彩，小说家奥维达便指斥这一新时尚暗含着一种“令人无法容忍的愚蠢和兽性”。

Starley，1854—1901）。19世纪80年代，单车设计者兼生产商之间竞争激烈，掀起一场风起云涌的产业运动，而这些企业家本身便是维多利亚时代资本主义最激动人心和最特色鲜明的产物之一。那时，并没有明显迹象显示斯达雷的两轮设计会笃定胜出，成为不二之选。举例来说，三轮车的设计当年也拥趸众多。但随着那种前后轮大小不对称、座垫位置高得难以稳固、容易带来危险的、老式的“普通”单车（或称“大小轮”单车）越来越难以得到人们的认可与接受——从健康与安全的视角来看就显然大为不利，单车的设计选项范围便得到了有益的限制与收缩。

虽然奥维达对单车赛道上的“骇人”场景大肆渲染，但是，当单车实际上不再危险时，骑单车就变成了一种既体现冒险创新的社会精神、又兼具生理愉悦和锻炼作用的时髦体验。在一篇题为《驯服单车》（*Taming the Bicycle*）的随笔中，马克·吐温将单车改良的进程描绘成一种“蹒跚摇摆、迂回蛇行”的动态序列，一路避开事故隐患。为了解决各种缺陷，及至1885年，斯达雷选定了一个成功的总体方案：他的“罗孚”（Rover）采用低座垫设计，前轮直径约91厘米，后轮约76厘米，车杠为三角形框架，后轮有链条驱动。他给自己提出的简明重点就是要创造出“与脚踏相适应的正确体位”，骑行时“与地面的距离要恰如其分”。

1885年9月，乔治·史密斯（George Smith）骑着一辆“罗孚”，用7小时5分钟走完了160公里。针对普通消费者的各种便利改进随之而来，比如说，加上弹簧座垫，但一种超越时间局限的基准经典却也由此确立。19世纪90年代末期，斯达雷的事业如日中天，其公司重新取名为“罗孚单车公司”（The Rover Cycle Company），也即那不幸的同名汽车公司的前身。在有些人眼中，命运多舛的罗孚汽车无疑是哀歌一曲：一个英伦产业经典最终沦落，演绎了一个不列颠品牌的一败涂地。

单车是机械美学的一种表述，而且如此完美（或许，也是形式追随功能这一论点主旨的最佳证明），所以很快被早期的现代主义建筑师与设计师欣然接纳并奉为一种象征。1910年，德意志工艺联盟的一位成员约瑟夫·奥古斯特·拉克斯（Joseph August Lux）宣告“单车即是美”，因为这是明确洗练的对力的图解。这一论调直接为包豪斯的审美哲学注入了养分。实际上，马塞尔·布鲁尔（Marcel Breuer）设计的、著名的“包豪斯”椅——由钢管制成的构造物，据说设计灵感源自单车车把。当然了，面对单车，所产生的知觉感受是美，而不是工业的生硬粗鲁的产物，这样的概念应该会让刘易斯·卡罗尔颇感兴趣。

右页图：丑小鸭。艺术家乌多·J.凯普勒（Udo J. Keppler）为《顽劣精灵》（*Puck*，1906）创作的插画。带有讽刺的丑化内涵表现在这里：作为温顺家禽的鸭子却长着具有攻击性的一双利爪。

肆无忌惮的厚颜、铬与古龙水

经由艺术提纯改善之后的科技，可以创造出民主化大众化的美，这样一种信念是20世纪设计领域中颇具说服力的伟大神话之一。不过，有了21世纪的新视角之后，我们现今可以看出，“设计”这一理念本身也只是一个具有劝诱性的虚构迷思罢了。与所有的神话传说一样，“设计”也托起了一些神一般的人物，而这些人的职责就是来维持这个信念体系。设计师被当成萨满大法师或巫师术士一般，甚至是传递神圣意志的通灵顾问。在那些迄今只有混乱鄙陋和污秽不洁的地方，只有他们能创造出美——若论及这样的理念，雷蒙德·洛威（Raymond Loewy）是无出其右的最佳佐证与拥戴者。洛威这位来自法国的侨民，曾经被人说成是“宽达一英里而深仅一寸”（an inch deep and a mile wide，意指看似无所不知，实则略懂皮毛而已），却足以充当现代“巫术”的完美典范。他对丑施以符咒与魔法，将丑小鸭变成了白天鹅。

洛威的生涯令人瞠目结舌，那种江湖郎中般的花招戏法令人眼花缭乱，而他的这些传奇故事又被大吹大擂、广为传播。他要用自己的想法来为丑陋的工业产品涂脂抹粉、乔装打扮，让它们能上台面。在其生涯中段，洛威写了一本不错的书。或者，大概也可以说，洛威让一本很好的书为他而写出。1951年，《就是要吹毛求疵》（*Never Leave Well Enough Alone*）在纽约面世。以洛威的母语法语印行时，这本书又题名为《丑东西卖不动》（*La laideur se vend mal*）。虽然书名不同，但两个版本的主旨本质上是相同的。凭借肆无忌惮的厚颜、铬、古龙水以及一种浮华俗艳的风格嗜好，洛威将丑陋的工业产品变身为讨人欢心、娱神悦目的漂亮事物。面对那些因财富欲望而两眼放光的主顾，他言之凿凿地说，世界上最美好的东西莫过于一张销售持续增长的报表。

他将笨拙和平凡的俗物演绎为优雅迷人的妙品。“机械时代”的早期产品甚至被他描述为“凌乱、脏污、嘈杂又蠢笨”。但通过他那擅长改

VOL. LIX. No. 1512. PUCK BUILDING, New York, February 21, 1906. PRICE TEN CENTS.

"What Fools these Mortals be!"

Puck

Entered at N. Y. P. O. as Second-class Mail Matter.

THE UGLY DUCKLING.

The Senate is indignant over the attacks on it in American magazines. A suggestion under consideration is that

左图：雷蒙德·洛威重新设计的“好彩”香烟包装（1940）。洛威成就一番事业，是通过刺激眼球的戏剧化转换变形：老变新、污浊凌乱变整洁美丽。他那自鸣得意、不无吹嘘的自传有法文版，其标题独特，叫《丑东西卖不动》。

善提升的天才，这些丑恶的特征能够被消除。设计是报仇雪耻的天使，足以疗救工业之丑与疾患。《就是要吹毛求疵》中列举了一系列从丑到美的转换案例：基士得耶（Gestetner）复印机、冻点（Coldspot）冰箱、弗莱瓦克（Flexvac）真空密封包装机、可乐分装售卖机、“国际收割机”（International Harvester）乳油分离器、康明斯（Cummins）支票打孔机、“歌唱家”（Singer）真空吸尘器与美孚汽车蓄电池。

这些实例就体现出设计拥有亡羊补牢的力量，能将丑陋错误转化为美妙的现实功用。这就是设计那化腐朽为神奇的炼金术！设计能美化，能整饬修饰，能清除污秽！还有，顺便提一下，设计能把东西卖出去。1940年，洛威重新设计了“好彩”香烟的包装与广告战略，由此甚至把烟草做成了一桩美丽的事业。他是“设计师”这一行业的绝对标杆，而在美与丑的对抗中，设计师则充任美的代理人。在二战之后的德国，针对电器产品那已经“足够好”的棕色盒子状外观，迪特·拉姆斯也吹毛求疵，进行了类似的设计变革，先是改成白色，后来又改为黑色。

拉姆斯的设计深得人心，但遗憾的是，他身后没留下任何卓越的著述。与之相反，洛威的《就是要吹毛求疵》也许可谓是20世纪最伟大的商业书籍之一。另一本甚至更杰出的著述则是弗雷德里克·温斯洛·泰勒（Frederick Winslow Taylor）的《科学管理之原理》（*The Principles of Scientific Management*，1911）。此书是“泰勒主义”管理哲学的源泉，泰勒的“工时与动作”研究则确立了美国工业生产的节拍，而洛威美化了这种节拍。利用夹纸写字板和秒表，泰勒的制度能有效监管懒散、粗率、马虎的人类劳动力，让他们运作得更像机器。这又是一个人类“智慧”的例子，曾经一度令人叹服与迷信，但我们现在已知，泰勒实际上篡改伪造了他的实验数据。几乎是以同样的方式，洛威的论调也是一种歪曲伪称。（大概没必要在此赘述了吧，洛威抛出了很多大言不惭的声明，鼓吹他出品的那种美满足了民众中那些审美欲望强烈、嗷嗷待哺的消费者，从而带来了商业收益与产业优势。我们不必为尊者讳，实话实说，他的这些言论不免夸大其辞。洛威的大部分设计都是商业败笔。）

艺术家们已不再使用“美”这个词。这是否意味着美已不复存在？或者说我们放弃了对美的追求？当然，那些可以用来衡量美的尺度标准确实非常难以捉摸，人们因此心猿意马，要自我敷衍地认为它们可能永远都是镜花水月。而丑则有着明确的提倡者与捍卫者：当今的建筑师雷姆·库哈斯（Rem Koolhaas，其在中国最知名的作品是央视的“大裤衩”）就认定丑比美更有趣，但他却不曾定义过丑或者美。这位不时兴风作浪的荷兰建筑师对丑的兴趣甚至是始终不渝的：他曾对评论家埃德温·希斯科特（Edwin Heathcote）提到，他在餐馆中也喜欢吃“丑食物”。

功能的概念确立了建筑的基准，而营养的概念决定了烹饪的基准，这里，两个概念之间或许有着一种关联。建筑与烹饪也都有着一种视觉特性。两者均由有关品位和呈示方式的概念统一起来。一般而言，建筑如今已是一种品牌管理或者大众娱乐的实现形式。位于纽约时代广场的威斯汀酒店（Westin）是出自张扬华丽的迈阿密设计公司“建筑主和弦”（Arquitectonica）的手笔。论及这座酒店，《纽约客》（*The New Yorker*）的建筑评论专栏作家保罗·戈德伯格（Paul Goldberger）写道：“现今，要逾越品位的极限范围，也并非易事。”然而，对很多艺术家、建筑师和设计师而言，这一点看起来却正是他们给自己设定的挑战目标。

不过，普鲁斯特认为，丑表露出的是一种贵族的傲慢气质，因为丑暗示了一种不必取悦于任何人的自信自负。而且，根据愤世嫉俗、头发灰白的法国歌手塞尔日·甘斯博（Serge Gainsbourg）的见解，“丑要优于美，因为丑更持久”。《纽约客》的艺术评论家彼得·施耶尔达（Peter Schjeldahl）巧妙地概括了丑与美之间的脱漏和间隙：“美不是，或者说不应该是什么大不了的事，但缺少了它，就是大事。”

如此说来，丑就是很严重的大事。但话又说回来，倘若万物皆美，那岂不无美可言。

次页左图：位于纽约时代广场的威斯汀酒店，“建筑主和弦”公司设计（2011）。论及这座酒店，保罗·戈德伯格既表示赞赏，同时又流露出一定程度的揶揄嘲弄：“现今，要逾越品位的极限范围，也并非易事。

次页右图：“世界最丑酒保大赛”冠军（1984）。

NY
EARTH CAN

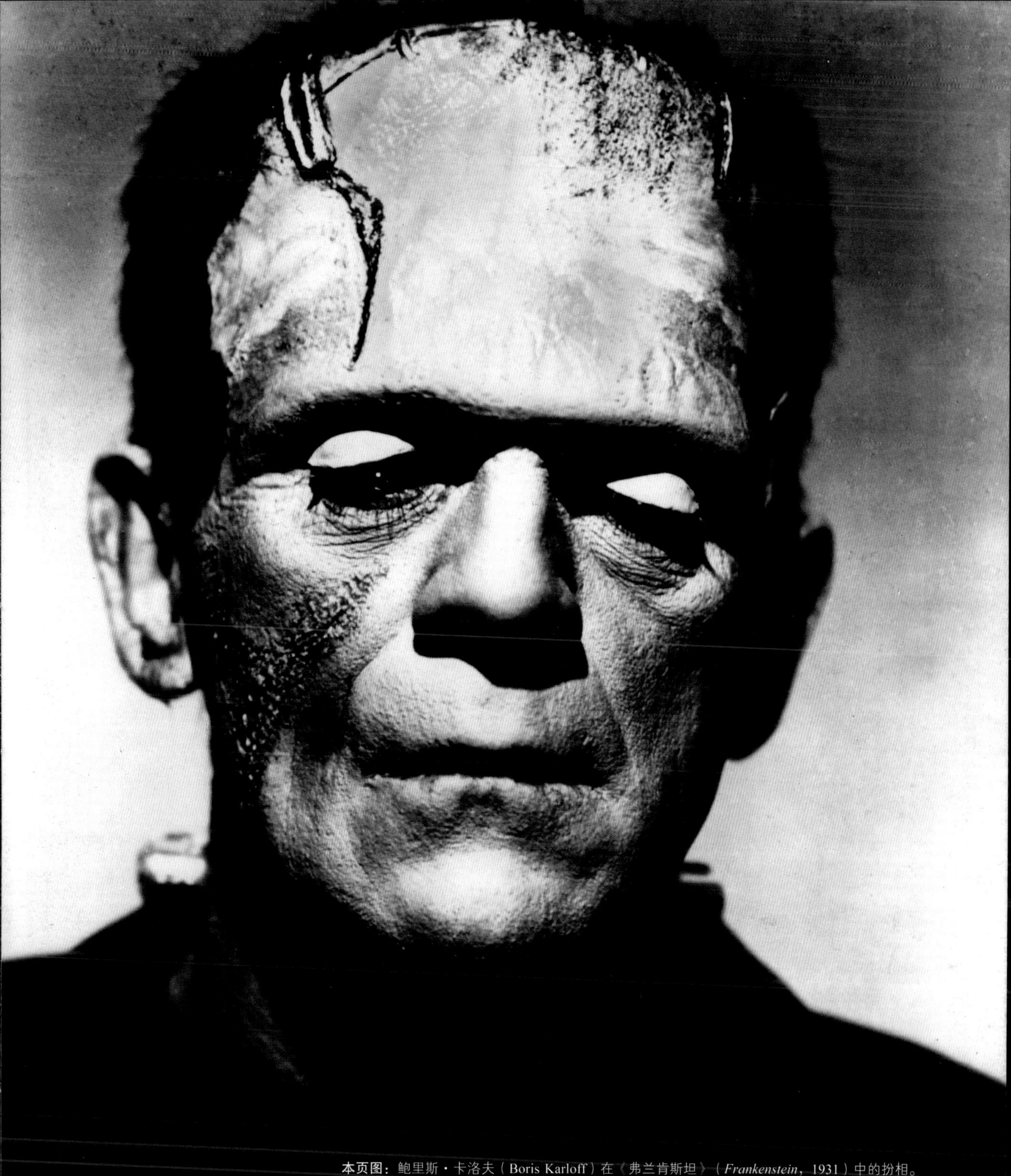

本页图：鲍里斯·卡洛夫（Boris Karloff）在《弗兰肯斯坦》（*Frankenstein*，1931）中的扮相。与弗兰肯斯坦博士发明的怪兽一样，这位演员也是虚构的。“鲍里斯·卡洛夫”是英国演员威廉·亨利·普拉特（William Henry Pratt）创造的。为了扮演玛丽·雪莱（Mary Shelley）笔下跌跌撞撞的怪物，他穿起约10厘米厚底、重达5千克的鞋子，创造出那招牌性的行走步态，笨拙怪诞，歪扭蹒跚。

左页图：哲学家埃德蒙德·伯克（Edmund Burke）瓦解了美的功能主义理论。他说：“如果我们真的重视事物运作或发挥功用的方式，那一头有效率的猪也将被认为是漂亮的。”

次页图：武器的可怕之美。第一次海湾战争中，“小牛”与“响尾蛇”导弹被装入一架A-10“疣猪”攻击机。丑陋的功能需求经常赋予军事装备以一种残忍和悲惨的优雅。而此攻击机如此命名就是由于其极端丑陋的外形。

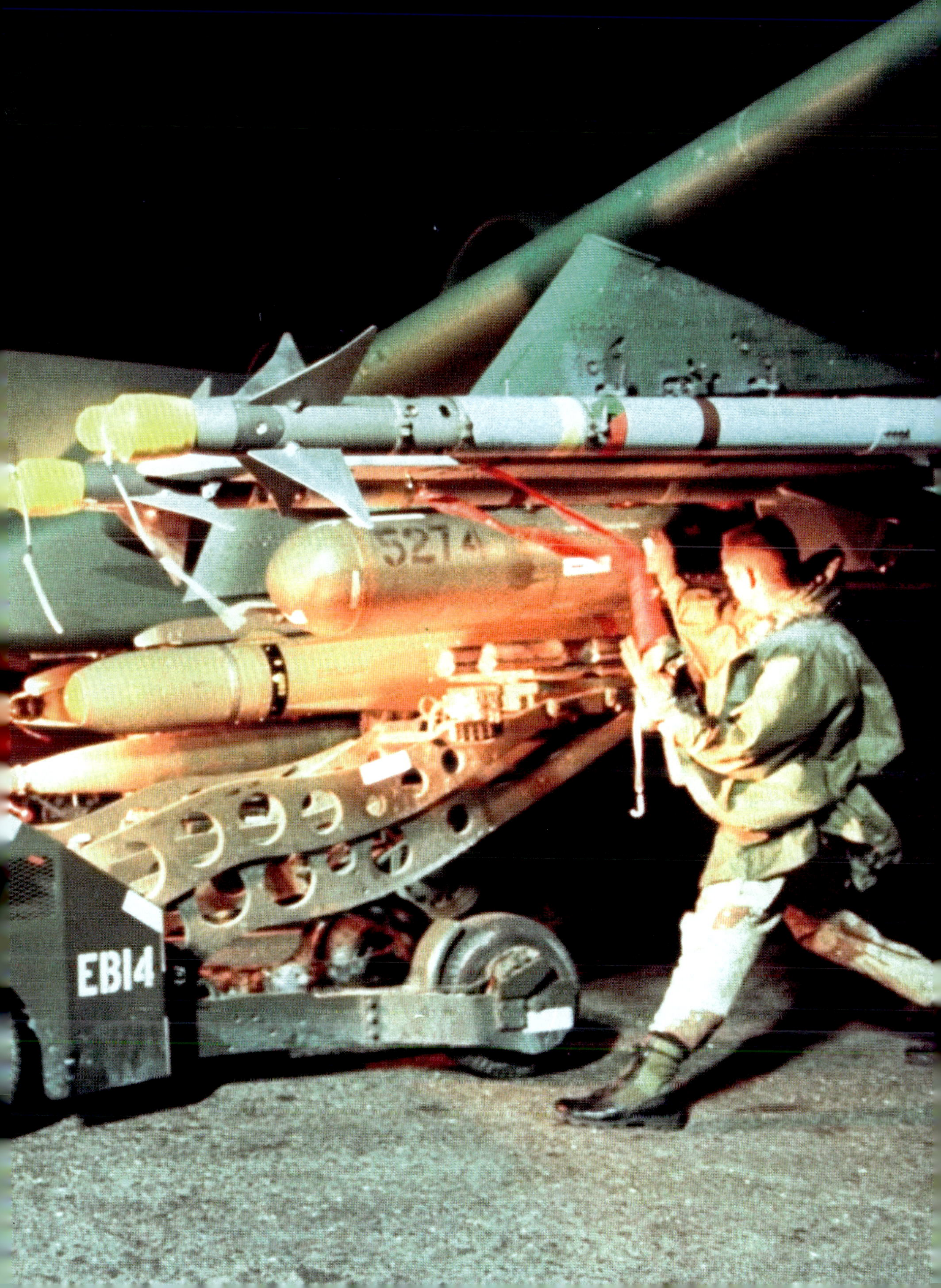

5274
EB14

英文版索引

Academy Notes 94
advertising 248–63
aesthetic crimes, checklist 226–27
aircraft 50–54
Aitken, Jonathan 23
Albert Memorial 166, 167, 225
Albion Mills 90, 92–93
Alessi 239, 240–41
Alice in Wonderland 64, 65, 218
Almarcegui, Laura 191
Alpine Club, The 110
Alps, The 109
Alton Estate 234, 235
Amin, Idi 138
Amorphophallus titanum 122, 123
Amsterdam 179, 191
Anecdotes of Painting in England 64
animals
  bulldog 6, 121
  Chinese crested dog 119, 120
  cute-ness 118–19
  gargoyles 68–69
  in Post-Modernism 239
  monkey 54, 55
  wallaby 180
Anonymous Structures: A Typology of Technical Construction 101
Anxiety, Munch woodcut 216
Arbus, Diane 75
architecture 39–45, 51, 165, 179, 221, 261
  and music 39–44
  and science 44
  Baroque 34
  battle of styles 129
  industrial 23–24
  medieval 68
  in Warsaw, Poland 59
  Shaker 26, 30, 32
  vernacular 181, 184
Aristotle 12
Arquitectonica 261
Art under a Dictatorship 138
Arts and Crafts Movement 26
asceticism 24
Asimov, Isaac 60, 61
Asplund, Hans 230
Australian Ugliness, The 181
Avedon, Richard 75

B-52 50–54, 50–51, 52–53
bad taste 126–55
banality 101, 168, 185, 188, 230, 239, 242, 253, 258
Banham, Reyner 210, 230, 235
Barnum & Bailey's Circus 135, 135, 194
Baroque aesthetic 33–34
Bataille, Georges 72
Baudelaire, Charles 69, 154, 154
Bauhaus 138, 141, 230, 257, 257
Baumeister, Willi 136, 137
Bearded Woman 196–97
beauty
  and functionalism/efficiency 54
  as boring 60, 191
  equated to natural 179, 222
  in Victorian age 90, 95, 110
  linked to goodness 72, 78
  linked to Justice 78
  linked to Truth 78, 218
  of ruins 181, 185
  theories of 8
  what's wrong with 192–215
Beauty and the Labour Market 72
beauty premium 204–05
Becher, Bernd and Hilda 101
Belter, J.H. 128, 129
Benetton ads 250, 251
Benjamin, Walter 145
Bentham, Jeremy 168
Berchtesgarten 139
Bergstrom, Evangeline 130
bicycles 254–57
Binnie, Alexander 172
Blake, William 90, 93
Blenkinsop, John 94
Boaistuau, Pierre 193, 194
Boboli Gardens 13, 14–5, 141
Boring Postcards 185, 186–87, 188
Bosch, Hieronymus 86, 94
Boulton, Matthew 90, 128
Bourke-White, Margaret 69
Boyd, Robin 181
Brandt, Marianne 141
Braun, Eva 139
Bredendieck, Hin 141
Breker, Arno 201, 204
bréton brut 230, 235
Breuer, Marcel 257
Broch, Hermann 141
Brooklyn, New York (NY) 159
Brunel, Marc Isambard 172, 174–75
Brutalism 230, 235, 239
buildings, see architecture
Bunshaft, Gordon 242
Burckhardt, Jakob 106
Burke, Edmund 8, 51, 54, 191
Burne-Jones, Edward 175, 176
Burnett, Micajah 30
Burroughs, William 77, 78
Butterfield, William 165, 167
cacotopia 168
car design 246, 250, 253
Carlton House Terrace 168, 169
Carroll, Lewis 64, 218, 258
Casson, Hugh 230
celibacy 24, 33
Chamber of Horrors 225
Chrysler Building gargoyle 69
circuses 135, 194
cities 158, 167, 175
  as beautiful 115
  as ugly 115, 167, 172
City of Dreadful Night, The 175
Clark, Kenneth 181
Classicism 22, 38, 222
cleanliness and godliness 78
Close Up Portrait 11
Coketown (Dickens) 168, 172
Cold War 51
Cole, Henry 224, 225
collecting 130, 134
Collier, The 94–95
Collier's magazine 201, 204
Colt .45 46
Colt, Samuel 46
Complexity and Contradiction in Architecture 239, 243
concrete 230
Conditions of the Working Class in England 23
Constable, John 110, 114, 114–15
consumer choice 141, 188, 222
Cooke, M.C. 122
Coronation Street 146, 150
cosmetic surgery 205–06
Coventry Cathedral 188, 190
Cowles, Mrs Fleur 72, 73
Crabbe, George 115, 119
craft traditions 128
Cromwell, Oliver 64, 67
Cronin, Vincent 34

Dairy Queen franchise 188–89
Dalí, Salvador 72
d'Anna, Vito 34
Dante 83
Darwin, Charles 18, 19
Darwinism 72, 212
De divina proportione 41
de Saussure, Horace Bénédict 107, 110
decoration 26, 51, 206, 210, 227, 230
deformity 18, 22, 75, 86, 194
Degeneration 201, 218
Dennis, John 109
department stores 136

Deserted Village 115
design 30, 33, 222, 225, 246, 258
designers 154, 201, 210, 221, 246, 253, 254, 258
Deutscher Werkbund 136, 137, 138, 226, 257
Dickens, Charles 30, 168, 222
dictators and kitsch 138, 138–39
Dictionary of English Usage 58
disease 64, 86
disfigurement 18, 22, 253
disgust 18, 22, 34, 106
display 134–36
dissonance 41
Doré, Gustav 83, 90
Dorfles, Gillo 141
Driving Like Crazy 188
Dryden, John 109
dystopia 168

Economic and Philosophic Manuscripts 253
Eiffel Tower 178–79
electricity 100
Elephant Man 238
Elephant's Trunk Plant 122, 124
Encyclopedia of Bad Taste 145, 154
England and the English 122
Englels, Friedrich 22, 23
English Culture and the Decline of the Industrial Spirit 90
Entartete Kunst 200, 201, 218
Epstein, Jacob 201
ergotism (St Anthony's Fire) 86, 88
eroticism 72–74, 122
Esquire 248

facial response, analysis of 18, 19
false principles of design 225
fancy goods 130, 136, 222
Farrell, Terry 239
featurism 181
ferns 134
Festival of Britain 230, 232
Fibonacci sequence 41, 42–43
Fire in London 92–93
flying ducks 150, 150
Fontainebleau Hotel 144–45
Ford, Ford Maddox 122
Ford, Henry 90
form follows feeling 216–47
Fowler 58
Frampton, Kenneth 210
Frankenstein 3, 38
Freud, Sigmund 172, 210, 218, 221
Frost, Ernest M. 181

functionalist theory of beauty 8
furniture
  chair, Model No. 14 126
  mass-produced 128–29, 222
  Shaker 30, 32
Futurist 250

garbology 161
Garden of Earthly Delights, The 86, 87
gargoyles 68–69, 68–69
Gehenna 161
Glazebrook, Philip 167
godliness 76–103
Goebbels, Joseph 199, 201
Goethe 39
Golden Honeycomb, The 34
Golden Section 41, 41
Goldfinger, Ernö 235
Goldsmith, Oliver 115, 119
Gombrich, E.H. 22
Graves' Disease 221
Great Exhibition 46, 131, 135, 179, 225
grotesque drawings by Leonardo 21, 22
Grotesque Old Woman, A 61, 62, 64
Grünewald, Matthias 86, 88–89
Guild House 239, 242–43
Gursky, Andreas 101

Hadrian, Emperor 109
hair, excess of relating to ugliness 194–97
harmony 41
Haussman 179
Hayes, Brian 161
Heaven and hell 76–103
Heaven on Earth 33
Helen of Troy 60, 61, 62
Hell, visions of 78, 83, 86, 90, 161
Helvellyn and Thirlmere 98–99
Herrick, Robert 58
Hindley, Myra 79
Histoires Podigeuses 192, 193, 194
History of the Concrete Roofing Tile, The 230, 231
Hitler, Adolf 139
Höfer, Candida 101
Household Words 222, 225
HPV virus 64, 66
Hubbard, Elbert 26
Hunstanton School 230, 233, 234
Hussein, Saddam 138
hypertrichosis 194, 195

I Was a Teenage Werewolf 194, 195
I-35 road route 118
inconstancy of taste 239, 242

Indian Emperor, The 109
industrial culture 22–24, 115
Industrial Revolution 22–23, 69, 93, 112, 172
industrialisation 90–103, 115, 128, 172, 191
Inferno (Dante) 82, 83, 84 85, 90
Infrastructure 161
interesting, not good 235
Interstate 35 185, 186-87
Isenheim Altarpiece, The 86, 88–89
Isle of Sheppey 181, 191

James, Owen 168
Jesus 161
Jew Süss 199, 199, 201
Jewish Giant at Home with his Parents in the Bronx 75
Johnson, Moses 30
Johnson, Philip 242
jolie-laide 74–75
Judd, Donald 39

Kalman, Tibor 246
Kanwisher, Nancy 118
Keble College, Oxford 165
Keppler, Udo J. 258
Kew Gardens 134
King's English, The 58
Kingsley, Charles 134
Kingsmill, Hugh 175
Kirwan, Laurence 205–06
kitsch 126–55
Kitsch (Broch) 141
kitsch and dictators 138, 138–39
Kitsch, An Anthology of Bad Taste 141
kitsch, definitions of 141, 145, 146
Koolhaas, Rem 261
Körting & Mathiesen 141
Kunstgewerbliche Laienpredigten 210

Lake District 98–99, 99
landfill 161–64, 162–63
language and ugliness 58
Lapidus, Morris 145, 146
Le Corbusier 44, 45, 127, 220, 221–22, 230, 235
Le Quément, Patrick 246
Learning from Las Vegas 242
Lee, Ann, see Mother Lee
Lehmann-Haupt, Hellmut 138
Lely, Sir Peter 64
LeMay, Curtis 51
Leonardo da Vinci 18, 22, 34, 44, 64
Liber Abaci 41

Lichtenberg, Georg Christoph 41
Liotard, Jean Etienne 108, 109
Loewy, Raymond 258, 261
Lois, George 249
Loos, Adolf 210, 212, 239
Love and the Pilgrim 175, 176–77
Lucky Strike packet 260
Ludwig, Mad King 146–47
Lux, Joseph August 257

Macaulay, Rose 188
machine-guns 46
machines 22–24, 44
Madonna Inn, San Luis Obispo 150, 151–53
Manchester docks 22
Manchester, early 19th century 22–23
Manchester, Union Street 1835 23
manners 56–75
Marlowe, Christopher 60, 61
Marx, Karl 252, 253
mass-produced goods 128
Massys, Quentin 61, 64
mathematics and beauty 41, 44
Matterhorn, The 110, 111, 112–13
Maudslay, Henry 95
Maudslay's piston 97
McDonald's fastfood restaurant 141, 142–43
McKnight Kauffer, E. 201
measuring ugliness 38
Merrick, Joseph 238, 239
Mill, John Stuart 168
Milton, John 109, 160
mistakes leading to ugliness 226–27
Mobius, Markus M. 204
Model No. 756 Kandem desk light 140
Modernism 22, 101, 141, 204, 210, 217–21, 230, 235, 242, 257
Modulor (Le Corbusier) 44, 45
Mona Lisa 20
Mont Blanc 107, 110
Mont Ventoux 105, 106
Moratilla, David 10
More, Thomas 168
Mother Lee (Ann Lee) 22, 24, 26, 30
mountains 94, 106–13
Munch, Edvard 217, 218
Museum der Dinge 226, 227, 228–29

Nagasaki atomic bomb 36
Nairn, Ian 230
Nash, John 168, 175, 179, 181
nature 54, 104–25
  Monument Valley 115–18, 116–17
  accidents of 194
  in paperweights 130
  in subjugation to industrialisation 130
  plants 122–25
Nazism 199, 201, 218
neuroesthetics 38
neutrality of science 38, 44
Never Leave Well Enough Alone 258, 261
New Lebanon 25, 30
New Order of the Axis, The 201, 202
New York 156, 158, 159
Nordau, Max 201, 218, 219
Notre Dame gargoyles 68, 69
Notre-Dame-du-Haut 220, 221
Noyes, John Humphrey 33

ornament 210, 211, 212
O'Rourke, P.J. 10, 141, 185, 188, 242
Ouida 94, 96, 175, 179, 254

Pacioli, Luca 41
Palladio 39, 41, 221
paper sizes 41
paperweights, glass 130, 132–33
Paris 178–79
Parr, Martin 185, 188
Patmore, Coventry 44
Paxton, Joseph 179
Pazaurek, Gustav E. 136, 225–26
Pazaurek's Principles 136, 138, 155, 210, 226–27, 239
Peacemaker gun 46–47
penumbra of bewilderment 34
perfection, or no dirt or mess in heaven 16–35
Perfectionism 33
perfectionism, quest for 24, 26
perfectionism, quest for 24, 30
Petrarch 104, 106
Pevsner, Nikolaus 235
Philospophical Enquiry into the Origins of our Ideas of the Sublime and the Beautiful 51, 191
physiognomy 218
Picturesque 109
Piper, John 188
pistons 95, 97, 172
Plato 12
Pleasure of Ruins 188
Plotinus 78
Pococke, Richard 108, 110
pornography vs erotica 72, 122
Post-Modernism 235, 239, 239, 240–41, 242
Principles of Scientific Management, The 261
propaganda 194–204, 250
proportional rules 39, 41, 44
proportional rules, Le Corbusier 44
prostitution 222
Protest Against the Extension of the Railways in the Lake District 99
Proust 253–54, 261
pteridomania (fern-collecting) 134
Puccini, Giacomo 221
punk movement 206, 208–09
Puritanism 30, 64, 74
Pythagoras 39, 39

racism 194, 199, 201, 218
railways 94, 99, 94–95, 112–13
Ramé, Maria Louise, see also Ouida 94, 96
Rams, Dieter 246, 258, 261
Randazzo, Filippo 34
Rathje, William 161
Renaissance, the 38, 64, 106, 175
Renault Vel Satis 246, 250
Riefenstahl, Leni 199
Rococo 129
Romanticism 22,
Rosenblat, Tanya S. 204
Rover Safety Bike 255
Rowley, David 30
rubbish 156–91
Ruff, Thomas 101
ruins, appeal of 185, 188, 191
Ruskin, John 110, 164–65, 168, 254
  and industrial progress 90, 94, 101, 136, 172, 175
  and the Lake District 99
  and railways 94, 172
  and sexual identity 90, 94, 172
  and sport 254
Russian Criminal Tattoo Encyclopedia 206
Rust, Smut, Mildew and Mould 122

Sainsbury Wing, National Gallery, London 242–43, 244–45
Salem Witch Trials 80–81
Santa Caterina church, Palermo 34, 34–35
Scarry, Elaine 212
Schinkel, Karl Friedrich 22
Schloss Linderhof 146, 146–49
School of Athens (Raphael) 12
science
  and aesthetics 38–44
  ugly 36–55
Scott Brown, Denise 239, 242
sea cow 119, 119
sex/sexual metaphors 24, 33, 90, 94, 172
Shaker meeting houses 26, 30

Shaker Rules of Beauty 30
Shakers, the 22, 24–26, 24–25, 26, 32, 30–33
Sheeler, Charles 30
Shelley, Mary 8, 38
Smithson, Peter and Alison 230, 233
Smithson, Robert 188
Snodin, Michael 33
Snow White's Coffin 246, 247
Somervell, Robert 99
Southy, Robert 22, 23–24
souvenirs 141, 154, 154
Spence, Basil 191
St Thomas Aquinas 39
Stalbridge Dock, Garston, Liverpool (UK) 170–171
Stalin, Josef 139
Stalin, Svetlana 139
Starley, John Kemp 254, 257
steam engine 90–91
Stern, Jane and Michael 145, 154
Stinky Squid Mushroom 122, 124
style 58, 129, 221
Surrealism 72, 145, 221, 250
Synnott, Anthony 205
Szyk, Arthur 201

taboo plants 123–25
Tannhauser 147
Taste 126–55
taste, definitions of 136, 138, 141
tattoos 206, 207, 212, 213, 214–15,
taxidermy 131, 136
Taylor, Frederick Winslow 261
technology refined by art 258
Tenniel 64
Thompson, James 175
Thonet, Gebrüder 127, 129
time-and-motion studies 261
Times Square, New York 102–03
Toscani, Oliviero 250
tourism 110, 115
Tragicall History of Dr Faustus, The 60
Traumkitsch 145
Trellick Tower, London 235, 236–37
Trimble, Morgan J. 119
Troll dolls 155, 155, 272
trompe l'oeil 34
Tube, the 172
tunnels 172
tunnels Blackwall Tunnel 173
tunnels, Brunel's Thames Tunnel 172, 174–75
Turkey: urban ugliness 167–68
Two Paths, The 168

uglification 64, 95, 141, 181, 204, 206, 210, 212, 218, 230, 242, 246
Ugly Bartender competition 263
Ugly Dog competitions 119, 120, 121
Ugly Duchess, The 61, 62, 64
Ugly House, The 183–83
Ugly Modelling Agency 74

ugliness
- as artificial/fake 56, 179, 210
- as cool 141
- etymology of term 110, 194
- grotesque drawings by da Vinci 21, 22
- in nature (plants and animals) 118–25
- in Victorian age 168
- linked to evil 72, 78, 79, 204
- linked to industrial progress 90, 94, 95, 101, 172, 175
- linked to rubbish 164
- redress by beauty 22, 205

uncanny valley phenomenon 10, 11
underground trains 172
unnatural selection 192–215
utilitarianism 24
utopian communities 168
- Communitarian Socialism 26
- Oneida Community 26, 33,
- Pennsylvania Moravians 26, 28–29
- Quakers, The 24
- Roycrofters 26, 27
- Shakers, The 22, 23–24, 26
- utopian socialists 94

Valley of Hinnom 160–61, 161
Van de Velde, Henri 210, 212
van der Rohe, Mies 235, 242
van Hooydonk, Adrian 253
velodromes 254, 256
Venturi, Robert 239, 242
Venus's Grotto (Mad King Ludwig) 148–49
Vickers machine gun 46, 48–49
views 185
Villa Malcontenta 40, 41
Village, The 115
Voldemort 69, 70–71
von Schelling, Friedrich 39

Wagner, Richard 147
Walker, George 94
Wall Street, New York (NY) 156
Walpole, Horace 64
Wardian Case 134, 136, 179
Warhol, Andy 141, 248, 250
Water Towers 100
Watt, James 90, 128
Wealleans, Jon 154
weapons 46–54
Westin Hotel, New York 262
Whimper, Edward 110, 111
Why Beauty Matters 204
Wiener, Martin 90
'Wie wohnen?' Die Wohnung Werkbund Ausstellung 137
Windmill Among Houses and Rainbow 114–15
Wordsworth, William 115
Wren, Christopher 221
Wyatt, Samuel 90

Yakuza 212, 214–15

Zeki, Semir 38
Zola, Emile 136, 150, 222

参考文献选录

关于丑的文献相当稀少，还相当简陋，这岂不令人讶然？这可是一个有着远至史前的凭证材料并在《圣经》中不断回响的主题啊！要理解达尔文的进化论以及资本主义商业，更不必说浪漫之爱、性、色情、广告、艺术、建筑和工业设计，丑都至关重要、不可或缺。但这个话题至今却只引发了极少数评论者的关注。

这个文献目录并未试图将所有参考或引用到的书目都囊括在内。实际上，即便是在此列出的图书，其中对丑加以充实详尽地探讨的也寥寥无几，但它们都触及了——若以康德为例，则是深入密集地研究了——吸引（喜爱）和排斥（厌恶）的理念，而这些理念有助于我理解丑这个难以把握的主题。这些文献为此书中涵盖的概念提供了重要而有趣的外延扩展空间。

阿多诺，《美学理论》
Adorno, T., *Asthetische Theorie,* Suhrkamp Verlag, Frankfurt 1970.
阿多诺是一位深奥得令人望而却步的思想家。这是他写于20世纪60年代的论文，在其去世后合集出版。此书原初是为爱尔兰荒诞派剧作家塞缪尔·贝克特（Samuel Beckett）而写。1997年，此书的英文版原样照抄了原稿的格式，是一个不分段落的完整篇章。如此谵妄，令人生畏之余，也会因感到受冒犯而抵触。

贝利，《品位——事物的隐秘含义》
Bayley, S., *Taste – the secret meaning of things,* Faber and Faber, London 1991.
本书是对一个变动不居、难以把握的主题的综观式分析陈述，毫无顾忌。

博伊德，《澳洲之丑》
Boyd, R., *The Australian Ugliness,* F. W. Cheshire, Melbourne 1960.
本书是一个无畏的澳洲本土作者对澳洲城镇景观的精彩批评。书名中含有“丑”字，是英文——实际上也是任何其他文字——图书中的少见样本。博伊德谴责澳洲建筑师为追求视觉趣味而诉诸于“画蛇添足风格”，其文字极风趣。

伯克，《论崇高与美丽概念起源的哲学探究》
Burke, E., *A Philosophical Enquiry into the Origin of the Sublime and the Beautiful,* R. and J. Dodsley, London 1757.
伯克是一位平衡了浪漫象征主义与理性分析公报政论的撰稿人。他考察了痛苦与愉悦的视觉缘由，还在书中论及后来被称为“功能主义”的思潮。

克罗宁，《金色蜂巢：访寻西西里岛》
Cronin, V., *The Golden Honeycomb,* Rupert Hart-Davis, London 1954.
这是一本优雅的西西里游记，对岛上最极端的巴洛克建筑对抗性的特质有着美妙的描述。

达尔文，《人类与动物的情绪表达》
Darwin, C., *The Expression of Emotion in Man and Animals,* John Murray, London 1872.
划时代的《物种起源》出版十三年之后，此书问世。这本书利用照片进行研究，对面部表情的分析是现代行为科学的肇始。

多弗勒斯，《媚俗：恶品位大全》
Dorfles, G., *Kitsch: the World of Bad Taste,* Gabriele Mazzotta, Milan 1968.
这位米兰的博学者对媚俗的论述，从智慧、范围和针对性的角度而言，从未有人能超越。

艾柯，《丑的历史》（《论丑》）
Eco, U., *On Ugliness,* Rizzoli, New York 2007.
原文出版时题为《丑的历史》，其中的della Bruttezza故意借用了意大利文中“美丽的外貌”（bella figura）这一概念。艾柯组织完成了这本极为美妙的文字与视觉选集，但其中对丑这一题旨的处理却很少，更多涉及的是怪异畸形与媚俗的品位。丑与畸形并非同义指称。

贡布里希，《达·芬奇的分析与置换手法：滑稽怪头》讲座，收录于《阿佩利斯的遗产：文艺复兴艺术研究》，第57至第75页
Gombrich, E. H., “Leonardo’s Method of Analysis and Permutation: the Grotesque Heads”, lecture, 1952, reprinted in *The Heritage of Apelles: Studies in the Art of the Renaissance,* p57-75, Cornell University Press, Ithaca (N. Y.), 1976.
世界上最成功的艺术史家探讨达·芬奇为何认为丑与美一样迷人。

格林伯格，《先锋派与媚俗》，发表于《党派评论》1939年秋季刊，第34至第49页
Greenberg, C., “Avant-Garde and Kitsch”, *The Partisan Review* fall issue, p34-49, Boston (Ma.), 1939.
这位伟大的保守派纽约艺术评论家将“媚俗”一词引入英语语言。

哈代，《一位数学家的道歉》
Hardy, G. H., *A Mathematician's Apology,* Cambridge University Press, Cambridge 1940.
数学家经常说等式和题解是“漂亮的”。在这本回忆录中，哈代偏离正题，讨论起导致吸引力与厌恶感的不同缘由。

海登，《七个美国乌托邦：1790—1975年社会主义下共产成员的建构》
Hayden, D. B., *Seven American Utopias: the architecture of communitarian socialism 1790—1975,* MIT Press, Cambridge (Ma.) 1976.
本书是关于美国乌托邦社群的百科全书式博学研究，这些社群当中有很多都狂热崇拜简朴苦行之“美”。

康德，《纯粹理性批判》
Kant, E., *Kritik der reinen Vernunft,* Johann Friedrich Hartknoch, Riga 1781.
此专著论述了不同的感官知觉如何应对令人生厌的刺激源。我未读过，也不认识读过此书者，但如果不将它列入，似又不合情理。这本令人困惑气馁、退避三舍的书激发了众多探究“康德为何觉得天下无丑”的作品。

柯布西耶，《模度》（英文版）
Le Corbusier, *The Modulor,* English ed.: Faber and Faber, 1958

本书是这位伟大的瑞士-法国建筑师创作的专有的比例系统。他坚持认为，建筑设计应该以人体为基准，然后才会产生美。

莱曼-郝普特，《独裁统治下的艺术》
Lehman-Haupt, H., *Art Under a Dictatorship,* Oxford University Press, New York (N. Y.), 1954.
本书深入细致地分析了极权政客，尤其是纳粹，是如何明显地有一种无情且偏执的倾向，去倡导并主办媚俗艺术项目。

洛威，《就是要吹毛求疵》
Loewy, R., *Never Leave Well Enough Alone,* Simon and Schuster, New York (N.Y.) 1951.
洛威是出自设计咨询行业的先锋之一，他相信美能驱动欲望。本书是一份时髦新颖的辩解自供状，但也透露出自得与自傲，其法文版题为《丑东西卖不动》。

莫比乌斯&罗森布拉特，《美为何要紧》，刊于《美国经济评论》，第222至第235页
Mobius, M. M., & Rosenblat, T.S., "Why Beauty Matters", *American Economic Review* 96, no.1: p222-235, 2006.
此文以实证为基础，试图量化"美"在职场上的竞争优势。

奥拉奎亚伽，《人造王国：媚俗体验的一个宝库》
Olalquiaga, C., *The Artificial Kingdom – a treasury of the kitsch experience,* Pantheon, New York (N.Y.) 1998.
这是一本内容厚实、丰富的奇书，对维多利亚时代盛期品位风格的古董有特别精到的研究。

帕乔利，《神圣比例学》
Pacioli, L., *De divina prorportione,* Venice 1509.
本书原始手稿存于米兰的安波罗修图书馆。帕乔利也是现代会计学的创立者，他对于正确比例理论的开发研究对众多意大利艺术家影响深远。

帕佐瑞克，《工艺美术中品位的背离与沦落》
Pazaurek, G. E., *Geschmacksverirrungen im Kunstgewerbe,* Stuttgart 1919.
帕佐瑞克是斯图加特艺术与工艺品博物馆的主管。此书综合、有趣而中肯地论述了设计失误及其后果，对整个现代主义审美敏感有着潜移默化的玄妙影响。

柏拉图，《理想国》
Plato, *The Republic,* c. 380BC.
原书名为《城邦共和政体》（*Politeia*）。此书有无数的现代版本，已经实实在在地成为任何有关完美以及非完美形式的论述中被征引得最多的权威经典。

拉马钱德伦，《艺术的科学：关于审美经验的神经学理论》，刊于《意识研究》杂志
Ramachandran, V.S., "The Science of Art: a neurological theory of aesthetic experience", *The Journal of Consciousness Studies* 6: p6-7, 1999
本书由新兴的神经美学的一位重要的研究者所著，试图以实验室科学的手段来解读艺术。

奥维达，《现代生活之丑》，收于《19世纪》
Ramé, M. L. (Ouida), "The Ugliness of Modern Life", *The Nineteenth Century:* vol. XXXIX, 1896.
奥维达是维多利亚时代的保守派小说家，极为活跃，可能还有点歇斯底里。她写道："熟稔（状态）是一个魔术师，对美残忍不公，但对丑却很友善。"

雷纳，《饮食习惯的起源》
Renner, H. D., *The Origin of Food Habits,* Faber and Faber, London 1944.
这一研究出版于二战时期，时代背景是人们对食物匮乏和营养的关注与讨论。书中关于不同文化中各种饮食喜好差异的逸闻趣事令人解颐，也安抚了不满足的肠胃。

罗森克朗兹，《丑陋狰狞之美学》
Rosenkranz, K., *Asthetik des Haslichen,* Gebrüder Borntraeger, Berlin 1853.
本书是关于审丑的开山之作，作者是黑格尔学派的一位哲学思想家。我还从未找到这本书，就更不可能读过了。

拉斯金，《两条路》
Ruskin, J., *The Two Paths,* Smith, Elder & Co., London 1859.
这位激进保守主义者大声指控工业化给英国城镇与乡村带来的毁灭性改变。此书是其五次演讲的印刷合集，就其论辩价值而言，等同于刘易斯·卡罗尔的"丑法"。

雪莱，《弗兰肯斯坦》
Shelley, M., *Frankenstein; or, the Modern Prometheus,* Lackington, Hughes, Harding, Mavor, & Jones, London 1818.
这是恐怖故事的终极典范，其中描绘的怪物令人惊骇。随着科学与技术侵入此前还完好无损的纯净自然，玛丽·雪莱的同代人因此感到惊恐与警惕，这本书可被解读为此种心态的写照。

斯普里格&拉金，《震颤派：生活、工作与艺术》
Sprigg, J. & Larkin, D., *Shaker: Life, Work and Art,* Houghton Mifflin, Wilmington (MA) 1991.
本书是对新英格兰苦行禁欲团体所出品之建筑与设计的检视研究与精微论述。震颤派女创始人厌憎其故乡曼彻斯特的状况，于是来到大西洋对岸建立新社群。震颤派教徒坚称其器物之美呼应了神圣的旨意。

斯特恩夫妇，《坏品位百科全书》
Stern, J. & Stern, M., *The Encyclopedia of Bad Taste,* HarperCollins, Scranton (PA) 1990.
这是汇聚了天下俗物的杰作，其中的插图也恰到好处地令人蹙眉或觉得滑稽可笑。

西诺特，《身体的社会内涵：象征、自我与社会》
Synott, A., *The Body Social – Symbolism, Self and Society.* Routledge, Florence (KY) 1993.
一位社会学家考察了魅力的概念是如何影响人类行为的。

泽基，《内心景象：对艺术与大脑的探索》
Zeki, S., *Inner Vision: an exploration of Art and the Brain,* Oxford University Press, New York (NY) 1999.
这位神经审美学的顶尖专家进行了最大胆的尝试，对审美反应进行了量化分析，后来称其研究为"美之反应的神经关联"。

图片版权声明

下列图片资源所有人与权属机构惠允并授权复制使用相关图片，本书出版者在此表示诚挚感谢。（清单中前为图片来源与权属机构，后为所用图片在本书中出现的页码。）

Alamy/Art Archive: 107

Allen Ginsberg Estate: 76

Arcaid: 239, 240, 241

Bridgeman Art Library: Sir Edward Coley Burne-Jones/Birmingham Museums & Art Gallery: 176–177,

Vatican Museums and Galleries, Vatican City: 12, Museum of Fine Arts, Houston, Texas: 100,

Charles Darwin, The Expression of the Emotions in Man and Animals, John Murray, 1872: 16, 19

Creative Commons: 26, 36, 41, 82, 84–85, 146, 147, 154 (left), 184, 189, Acquired by Henry Walters with the Massarenti Collection, 1902: 61, Library of Parliament, Cape Town: 124, Smallbones: 243, Amanda Vincent-Rous: 234

Corbis: 67, Andreas Gursky/Albright-Knox Art Gallery: 102–103, & Art Archive: 104, Bettmann: 139 (bottom), Brooklyn Museum: 160, The Gallery Collection: 20, 88, Peter Harholdt: 129, Historical Picture Archive: 92–93, Hulton-Deutsch Collection: 139 (top), Richard Klune: 191, David Lees: 40, Francis G. Mayer: 87, Mediscan: 66, Gideon Mendel: 213, Bo Zaunders: 262

© David Moratilla: 11

Fiell Image Archive: 31, 34–35, 56, 59, 65, 67, 68l, 73, 112, 113, 116, 117, 121, 126, 131, 132, 133, 134, 144, 148–149, 151, 152–153, 154 (right), 155, 156, 159, 178, 182–183, 186–187, 190, 196–197, 199, 200, 204, 224, 226, 231, 232, 257, 260, 263, photographs by Paul Chave: 27, 140, 154 (right), 155, 244–245, 272

© FUEL/Danzig Baldaev: 207

Getty Images: 3, 28–29, 39, 48–49, 62, 79, 96, 123, 137, 142–143, 202, 203, 211, 219, AFP: 138 (bottom), 220, 223, 251 (top), Jean-Etienne Liotard/Bridgeman Art Library: 108, Peter Dazeley: 150, Gamma-Keystone: 208–209, Gamma-Rapho: 251 (bottom), Michael Ochs Archives: 75, Popperfoto: 138 (top), Time & Life Pictures: 4–5, 69 (right), 111, UIG: 52

iStockphoto.com: 2, 42-43, 50, 120, 166

Library of Congress Prints & Photographs Division, Washington DC: 32, 80–81, 98, 135, 136, 259

Mary Holland: /http://www.naturallycuriouswithmaryholland.wordpress.com: 118

Collection of Werkbundarchiv/Museum der Dinge: photographs by Armin Herrmann: 228–229

Nature Picture Library: Doug Wechsler: 125, Xi Zhinong: 55

Photo courtesy of Wright: 247

Photo Scala, Florence: 14–15, courtesy of the Ministero Beni e Att. Culturali: 21, 89, 114–115, 248, Ann Ronan/Heritage Images: 24–25, Museum of Modern Art, New York: 216, National Portrait Gallery: 63

Photoshot: 70–71

Picture-Desk: Private Collection/Marc Charmet/Art Archive: 45, Musée des Arts Décoratifs Paris/Collection

Dagli Orti /Art Archive: 213, Museum of London: 236–237, Kharbine-Tapabor/Art Archive: 198

Rex Features: Everett Collection: 195

RIBA Library Photographs Collection: John Maitby: 233

Richard Sexton: 46–47

Science & Society Picture Library: 22, 23, 91, 95, 97, 119, 173, 174–175, 255, 256, National Railway Museum: 171–172

Thinkstockphotos.co.uk: 6, 162–163, 165, 169, 252

Topfoto.co.uk: 238, IMAGNO/Franz Hubmann: 220

Wellcome Library: 192

本书出版者卡尔顿图书有限公司（Carlton Books Limited）已经尽一切努力保护图片的知识产权，并与图片资源所有人和著作权人妥善接洽。若有任何无意之失误或遗漏，本公司在此表达歉意，并将在此书再版之际及时修正。

致 谢

首先是一个疑问：为一本关于丑的书出力和贡献建议之后，又有谁愿意得到提名感谢？既然每个内敛谦逊者都选择向后闪身，我就只好在此列出几位相对坚强的人士。很明显，此书不是学术论著。就如彼得·曼德尔森（Peter Mandelson）在试图纠正1997年“新工党”宣言中的谎言和歪曲陈述时所称的那样，本书更多地是一册“提示性的、启发性的随笔”。一直以来，无论何时何地，我长相厮守（从未有丝毫洋洋自得的意思，但好像也常表示不满）的伴侣弗洛（Flo）都对我有着重要影响，此书也不例外。这里印成文字的很多理念，我都在厨房里或餐桌边在她身上试验过，但大部分宣告失败。我还有拖欠已久的诸多“历史债务”，这就要说到“吉米”·昆丁·休斯（Quentin Hughes）博士。他是我已故的导师，也是我有生以来结识过的最具优雅风度的人物之一。他曾是一位勇敢的战士，也是一位喜欢恶作剧的风趣的健谈者。他生前是利物浦建筑学院的首席才子，也是利物浦“交响乐餐厅”酒吧的忠实拥趸。我对他不甚感激，尤其是当我回想起就此书的主题与他有过的一席席长谈——彼时我置身英格兰西北部的那座城市，落座于一张世间已所剩无几的埃姆斯（Eames）古董椅上，心潮澎湃，肃然起敬。走过场式地提及对本书有助益者，并无多大意义，但这里的很多内容无疑是我与那些机智诙谐、好斗善辩的朋友之间无数次愉快交谈的成果。这些人包括约翰·戈登（John Gordon）、迈克尔·霍本（Michael Hoppen）和亚当·查莫斯基（Adam Zamoyski）——仅举几例。“分级设计”（Grade Design）工作室的彼得·道森（Peter Dawson）与露易丝·埃文斯（Louise Evans）为本书的精彩版式付出了极大的努力，非常感谢。最后，还要感谢古德曼·菲尔（Goodman Fiell）出版社成员对此书的信心与宽宏雅量，尤其是彼得与夏洛特·菲尔夫妇（Peter & Charlotte Fiell），还有项目编辑伊莎贝尔·威尔金森（Isabel Wilkinson）。这几位将如此丑的选题变成了如此美妙的一本书，我非常感激。

译后记：当美已成俗套

“丑”书的源起

“这是最好的时代，也是最坏的时代……人们在直上天堂，人们也在直下地狱。”如果想要强调修饰一下自己所处历史年代的独特性和分裂感，具备一般健全思维及常规判断力的任何人——“装睡”者与拒绝基本理性思辨者除外——想必都会对狄更斯《双城记》开篇的这几句深有感触。

倘若顺水推舟地袭用狄更斯的悖论表述，我们或许也可以说：“这是最美的时代，也是最丑的时代。”当然，很多眼光犀利的人早就意识到了，这是一个美进入极度商业化的时代：“美”已然化身为“生产力”，甚至是“硬通货”——女色（连男色似乎也逐渐有了市场？）与情妇作为价值手段参与其中的利益分配和财富流通，此类的实际案例显然已不胜枚举，而这些世相的背后无疑有着“美”的商用兼社会功能的逻辑支撑。其实，远远早于这个“最美的”时代之前，“美人计”就已是人类世界古老的生存智慧：埃及艳后克莱奥佩特拉（其电影形象由伊丽莎白·泰勒呈现；凭借她那倾倒众生的紫罗兰色明眸，还有那令无数男人折腰的传奇魅力，出演“旷世妖妇”，舍她其谁？）先后让罗马共和国的大英雄尤利乌斯·恺撒与执政三巨头之一的马克·安东尼拜倒在她的裙下，以此推延了托勒密王朝的终结。二战以降的当代世界，免除了大规模战争状态下生死存亡的残暴选择，美不再是家国命运之类宏大史诗游戏中的棋子，而是降格为蝇营狗苟的经济与商业博弈中的筹码——职场上的“美貌溢价”就更是俗常景观。既然美已经审时度势、理直气壮地走上庸碌猥琐的世俗逐利之路，因此说这是“最丑的”时代，多多少少也算顺理成章。只消稍稍想一下过去二十年间以韩国为代表的全球“美丽产业”的高速成长，你就能明白这是“最美的”时代。同样，只要想一下如今遇到人造“俊男美女”的机率会有多高，以及人类世界正以前所未有、义无反顾的浩大阵势偏执或迷信于绝对意义上的“肤浅的”生理之美（比如眼下各类女星明争暗斗的焦点，除了所谓的“事业线”，就是看谁的“生日礼服”发育得最销魂），还有各色人等为修饰和提升容貌仪表所付出的长期不懈、破釜沉舟的努力，你大概就不必讳言，这也是“最丑的”时代。

在这个最美也最丑的时代，过去的几年间，有两本以丑为主题的重量级图书在西方出版界应运而生，而且两者都被引进，中文版书名分别是《丑的历史》（中央编译出版社，2010）与《审丑：万物美学》（金城出版社，2014）。正如《审丑：万物美学》的作者贝利所感叹的：“要理解达尔文的进化论以及资本主义商业，更不必说浪漫之爱、性、色情、广告、艺术、建筑和工业设计，丑都至关重要、不可或缺。”但“关于丑的文献相当稀少，还相当简陋，这岂不令人讶然？”不过，究其缘由，恐怕也并不很复杂，综合看来，“丑并非美的对立面，而是美的一个方面”，因此，丑的主题论述大都作为审美专论的内生或附属枝节稀释和湮没在美的解析中了。身为罗马帝国皇帝兼斯多葛派哲学家的马可·奥勒留也说过：“丑与不完美就像面包上的裂痕，对整条面包的赏心悦目也有贡献。”虽然如此，在学科细分盛行、况且又是最丑与最美的当下时代，出现几本审丑专著，兴许还是有意义的，而前述的这两本“丑”书便可谓是率先垂范，为通俗审丑学（说不定会有更多好事者来推波助澜吧？）的演出拉开了帷幕。

“献丑”之人

《丑的历史》由享有“当代达·芬奇”美誉的意大利人翁贝托·艾柯编著。这位“文艺复兴人”的大名早已不胫而走，连在中国大江南北、黄河上下的知识界也都如雷贯耳，因此我就不必赘言。《审丑：万物美学》则是出自英国人史蒂芬·贝利（Stephen Bayley）之手。此君是设计、艺术与通俗文化评论界的一位大腕级人物，曾与特伦斯·康伦爵士（Sir Terence Conran）合作创办了“锅炉房项目”——英国第一个永久性设计展览，也即后来的伦敦设计博物馆。他同时是多家设计师和建筑师事务所的顾问，并为绝对伏特加、可口可乐、福特、宝马等诸多品牌提供咨询服务。贝利著述颇丰，杂志与报纸专栏文章之外，已有《良好形制：工业产品风格》（1979）、《性、饮料与跑车》（1986）、《品位：事物的隐秘含义》（1991）、《白痴辞典》（2003）、《女人体的文化史》（2009）等多本图书面世。他以旁征博引、诙谐练达同时又桀骜不驯的文风在国际上，尤其是英语国家，赢得广泛读者的追捧。但迄今为止，国内只翻译出版过他主编的《两性生活史》（2000，中文版2007）以及与特伦斯·康伦爵士合撰的《设计的智慧》（2007，中文版2011）。

艾柯被奉为“博学大师”、“当今西方世界读书最多者（之一）”，对此，艾柯好像不曾有过推辞。或许，在他而言，也是当仁不让吧。贝利则稍稍“低调”一点：他曾一度被誉为“英国第二聪明人”（没有跨出英伦三岛的范围，更没涉及“宇宙中心”，也可算谦逊了。然而这里依旧有个问题，谁是英国第一聪明人呢？应该是霍金吧，反正英国王室或首相肯定不参与此类评比），但这一名号似乎并未推广开来。相较于李大师那白话文有史以来前三名都是姓李名敖的自我鼓噪，无疑是谦逊了许多。贝利嬉笑怒骂，皆成文章，还相当“好斗”，由此在设计与文化界结下了不少“梁子”，但他仿佛挺享受打嘴仗的，比如在伦敦“千年穹顶”项目上与工党政要彼得·曼德尔森（Peter Mandelson）的争端，为此，他还在1998年出过一本《工党阵营，“劳改营”》，再比如他在《审丑：万物美学》中跟拉斯金纠缠不休，以及对罗伯特·文丘里直言不讳的攻讦。有必要澄清的是，作为贝利的译者，我从未觉得“与人斗其乐无穷”——起码，你去与之“斗”的这个“人”的筛选条件要非常精确，那样才可能会好玩一点。

贝利的这本书中，对拉斯金的挖苦嘲弄几乎贯穿全篇：拉斯金拿腔捏调的“圣经体文字的夸饰”、那“如便秘般……的宗教虔敬信念”，还有，“地狱从没有远离”，“既然拉斯金非常富有，就很可能对地铁不屑一顾……拉斯金曾猛烈炮轰……新铁路，不过，他每次倒是照样乘火车……去他的乡间居所。要追求一致性和连贯性，那是一种幼稚的念想——当然如此。”只是，对于一个乐此不疲的“好战分子”来说，世界上最有价值的存在物，或许莫过于身怀顶尖功力的论辩敌手（陷于“孤独求败”的境地多无聊啊），所以，贝利在心底里还是乐于看到自己与拉斯金被人相提并论的——个人网站上，他的简介传略如此收尾：尼克·福克斯（Nick Foulkes，工业设计与社会文化品位研究者）评价约翰·拉斯金，“这是19世纪的史蒂芬·贝利”！